科學天地 BWS174

觀念化學 5

環境化學

Conceptual Chemistry

Understanding Our World
of Atoms and Molecules

By John Suchocki, Ph. D.
蘇卡奇 著　　李千毅 譯

作者簡介

蘇卡奇（John Suchocki）

美國維吉尼亞州立邦聯大學（Virginia Commonwealth University）有機化學博士。他不僅是出色的化學教師，也是大名鼎鼎的《觀念物理》（*Conceptual Physics*）作者休伊特（Paul G. Hewitt）的外甥。

在取得博士學位並從事兩年的藥理學研究後，蘇卡奇前往夏威夷州立大學（University of Hawaii at Manoa）擔任客座教授，並且在那裡與休伊特一同鑽研大學教科書的寫作，從此對化學教育工作欲罷不能。

蘇卡奇最拿手的，就是帶領學生從生活中探索化學，他說：「當你好奇大地、天空和海洋是什麼構成的，你想的就是化學。」他總是想著要如何用最貼近生活的例子，給學生最清晰的觀念；他也相信，只要從基本觀念著手，化學會是最實際且一生受用不盡的科學。

目前，蘇卡奇與他的妻子、三個可愛的小孩，一同定居在佛蒙特州，並且在聖米迦勒學院（Saint Michael's College）擔任教職，繼續著他熱愛的教書、寫書，還有詞曲創作的生活。

譯者簡介

李千毅

中興大學植物系畢業，密西根大學生物碩士，曾任天下文化資深編輯，現為文字工作者。

譯有《金色雙螺旋》（合譯）、《觀念生物學 1 ～ 4》、《現代化學 II》（合譯）、《我數到3ㄛ！》、《婦科診療室》（合譯）（以上皆由天下文化出版）；《愛上細胞》、《病菌殺手》、《串連生命的密碼── DNA》、《訂作一個我──基因》、《創造通訊世界的電話──貝爾》、《居禮夫人──放射科學的光芒》、《圖解生物辭典》（以上皆由小天下出版）。

觀念化學 5　環境化學

第 16 章　淡水資源

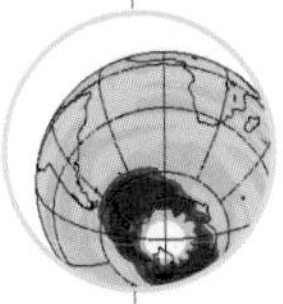

第 17 章　空氣資源

第 18 章 物質資源

第 19 章 能源

觀念化學 1　基本概念・原子

第 1 章　化學是一門科學

第 2 章　化學元素

第 3 章　發現原子與次原子

第 4 章　原子核

觀念化學 2　化學鍵・分子

第 5 章　原子模型

第 6 章　化學鍵結與分子的形狀

第 7 章　分子混合

第 8 章　奇妙的水分子

觀念化學 3　化學反應

觀念化學 4　生活中的化學

16

淡水資源

你相信嗎，許多品牌的罐裝水，

每公升的價錢比汽油還貴！

如果你不希望有那麼一天，我們得從極地拖兩大塊冰山，

來供應沿海城市所需的淡水；那麼請你從這一章開始，

好好認識地球上的水資源問題，

並且珍惜你所使用的每一滴水。

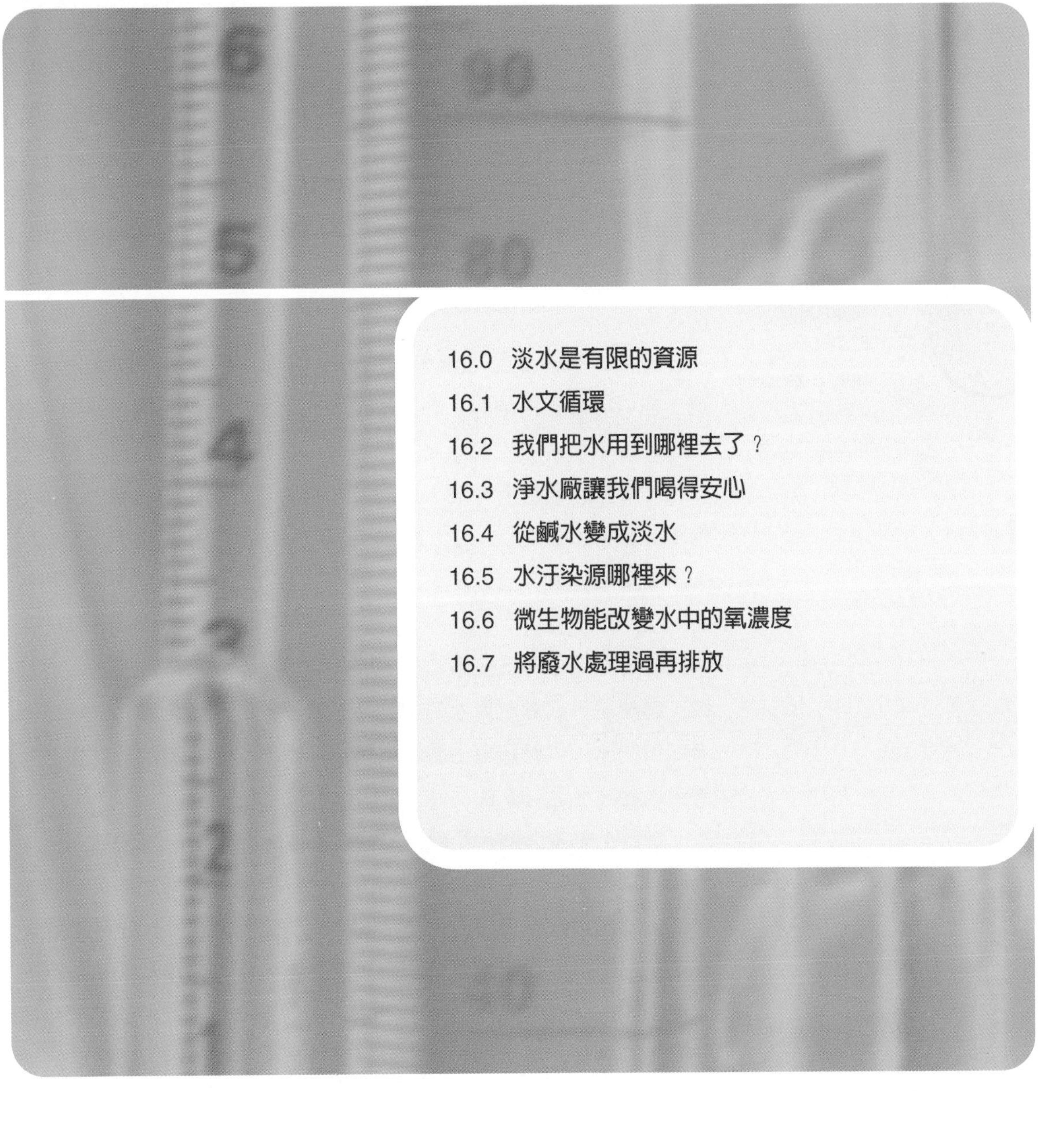

16.0 淡水是有限的資源

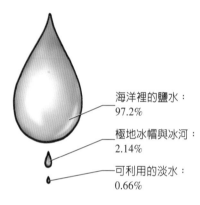

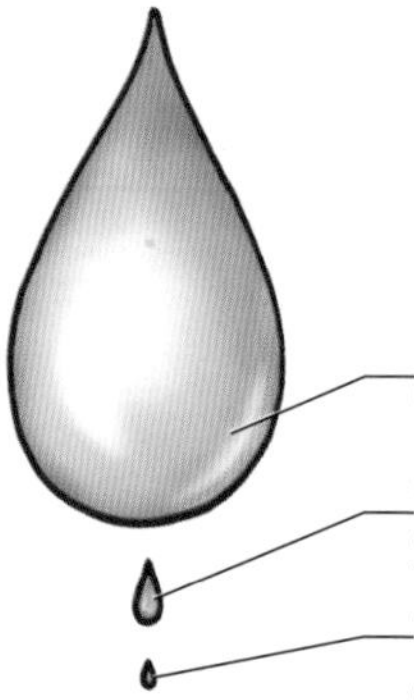

圖16.1
地球上水資源的分布

地球上有 97.2% 的水是海洋裡的鹹水。另有 2.14% 是冰凍在極地冰帽及冰河中的淡水。其他剩下不到 1% 的水，分布在地下水、河川湖泊，以及大氣中的水蒸氣中；而這些正是我們每天賴以維生的淡水。

如果你曾經感受過瀑布的威力，或者曾經被滂沱的大雨淋濕過，你可能會覺得地球上的淡水資源似乎取之不盡、用之不竭。就個人的觀點而言，確實如此。但是當今世界人口的成長已經超過七十億，如果我們把所有的人平均散布到所有可居住的土地上，那麼每平方公里的面積上大約住著 60 個人。由此可見，當我們把所有的人所需要的資源加總起來，許多地球上的資源，例如淡水，就相對有限了。

日常生活中有很多事情都提醒我們，淡水是有限的資源。在美國，當農民爭取灌溉用水的權益時、當我們的水費上漲時、或當下游城市的水源供應因爲上游城市排放汙水而受到威脅時，都讓我們看到水資源不足的警訊。

世界上有很多國家所賴以維生的淡水，是發源於鄰國的河流。因此，當上游國家把河水引開或改道，以供應日益增加的人口時，會使下游國家缺水，因而提高兩國政局的緊張關係。好比說，在未來十年裡，伊索比亞和蘇丹的農業發展，將使流入埃及的尼羅河河水減少 15%。同樣的，土耳其目前正沿著幼發拉底河源頭拓展築壩及灌溉的計畫，一旦這些計畫全部實行起來，將使流入敘利亞的河水減少 40%，且使流入伊拉克的河水減少 80%。可想而知，這個問題已成爲這些國家之間主要的政爭來源。

在本章中，我們將探討有關淡水資源的基本動力學，以及維護這些水資源的相關化學，還有人類活動對水資源所造成的衝擊。

16.1 水文循環

地球的水在太陽的熱度及地心引力的推動下，不斷的循環。太陽的熱度造成海洋、湖泊、河流、冰河中的水，蒸散到大氣中。當大氣中的水氣達到飽和程度時，這些水會以雨或雪的形式降落。這種水的持續移動及固、液、氣三態的變化，就叫做「**水文循環**」。如圖 16.2 所示，在這個循環中，來自海洋的水，可以直接再回歸海洋，或是迂迴一點，經由地表甚至地底，再回到海洋。

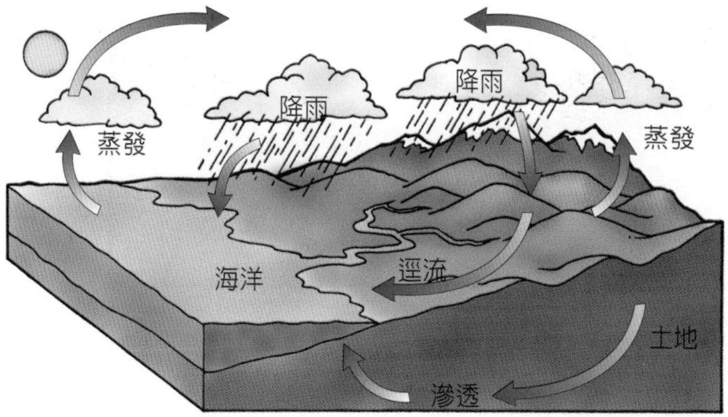

圖 16.2
圖示水文循環的過程。地表的水蒸發到大氣中，凝結成雲，會再以雨或雪的形式降落地表，以便進行下一回的循環。

在直接的路徑中，海洋裡的水分子蒸發到大氣中，凝結成雲，再經由雨或雪的形式，降落到海洋中，重新循環。若是降落到陸地，水的循環就變得比較複雜一點。和直接的路徑一樣，海水一開始也是蒸發到大氣中，但接下來這些水氣不是在海上形成雲，而會被風吹到陸地的上空。一旦這些水氣降落陸地，會發生四種可能的情形：（1）從地表再蒸散到大氣中。（2）滲透到地下。（3）成爲雪堆或冰河的一部分。（4）排入河川，再流回大海中。

從地表向下滲漏的水，會塡入土壤顆粒間的小空隙，直到土壤中的水分達飽和狀態，也就是每個小空隙都塡滿水分。這種飽含水分的土壤層的最上界，就是所謂的**水位**。不同地區的水位深淺往往隨著降雨量及氣候而有很大的差異，從零深度的沼澤溼地（表示這些地區的水位在地面層），到幾百公尺深的某些沙漠地區都有。水位也會跟著地形而變化，且在乾旱期間水位會下降，如圖 16.3 所示。事實上，許多湖泊及河川就是水位高出地表的區域。

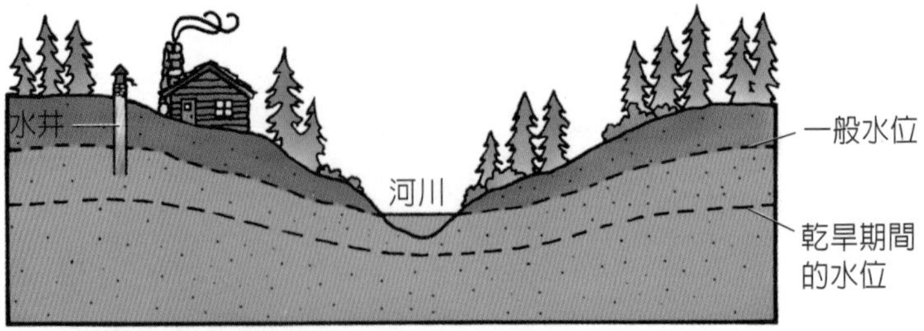

圖16.3

任何地方的水位差不多都與地表的高低起伏平行。在乾旱期間，水位下降，河水減少，井水也變乾。當井水被抽取過量，超過天然降雨滲入地底的速率時，水位也會因為補充不及而下降。

地表之下的水，都叫做地下水（groundwater）。（在地表的液態水，包括河流、湖泊中的水，則叫做地表水，surface water）任何含有水分的土壤層都叫做**含水層**，含水層可視爲地下的水庫。許多地方的地下都有含水層，它們集合起來所蘊含的淡水大約是河流湖泊裡的總水量的 35 倍。美國有超過一半以上的土地，下方都是含水層，好比說奧加拉拉含水層（Ogallala Aquifer），它所涵蓋的地區從南達科塔州延伸到德州，又從科羅拉多州延伸到阿肯色州！

隨著人口的成長，我們對淡水的需求也逐漸增加。降雨是地球補充地下水的唯一天然來源；雖然地下水的存量豐沛，但是當人爲抽取的速率超過天然補充的速率時，就會發生問題。在氣候較潮濕的地區，例如靠近太平洋的西北部一帶，被人們抽取的地下水，很容易又被降雨補充回來。然而在乾燥地區，抽取的水量很容易超過降雨補充的水量。因此，爲了供養龐大的人口，這些地區的居民必須從遙遠的地方引入水源，且往往需要透過水渠來輸送。例如，在南加州，大多數的淡水都是源自科羅拉多河，而且是藉由綿延數百公里長的水渠來輸送。

位在乾燥的高原地之下的奧加拉拉含水層，已供水給這個乾渴的農業區超過一百年之久。這個含水層裡的水，大多是封鎖在地底數千年的水，沒什麼重新補充的來源，就算是抽取地下水的活動即將終止，可能也需要再花數千年，才能恢復原來的水位。也就是說，奧加拉拉含水層與其他大多數的含水層不同，它是有限且無法補充的資源。儘管面積龐大，但過去二十年來，大量的抽水已經使得奧加拉拉含水層能供養的農地面積縮減了 20%。

當水從土壤顆粒間的空隙被移走時，土壤上方的沉積物會向下堆壓，使地表下降，造成土地下陷。在那些過度抽取地下水的地區，地表都出現嚴重下陷的情形。美國加州的聖荷亞金谷就是一例，人們過度抽水灌溉農田的結果是，在短短二十年內，當地水位下降 75 公尺，且造成顯著的土地下陷。

或許最著名的土地下陷案例是義大利的比薩斜塔，如圖 16.4 所示。過去這些年來，該市持續抽取地下水以供應城市不斷成長的人口，使得比薩塔的傾斜度日益增加。

圖16.4
建於幾世紀前的比薩塔日漸傾斜，目前已偏離原來垂直位置4.6公尺，這是地下水過度抽取的結果。不過，目前地下水抽取管理法已經設法穩固該塔的地基，使這個建築物還可以屹立好些年。

觀念檢驗站

Q　含水層可以說是地下的淡水庫，請問這些水從哪裡來？

你答對了嗎？

A　所有天然的地下水（及地面水）都是源自大氣中的水氣，這些水氣主要來自海水的蒸發。

16.2 我們把水用到哪裡去了？

1950 年起，美國地質調查所（USGS）開始彙整全國用水的資料。從那時起，這個聯邦機構每五年就進行一次這樣的調查。根據他們的資料，全美所有的含水層加起來，每天一共可以收集到 67,900 億公升的水分*。然而，在 2015 年，全美從這些含水層抽取淡水的平均速率是一天 10,636 億公升；這表示我們每天從含水層中取用約 15% 的水。如圖 16.5 所示，目前美國有很大一部分的水是用在農田的灌溉以及做爲熱電發電法的冷卻劑。

圖 16.5 的數字告訴我們，以三億二千五百萬人口來說，2015 年每個美國人的平均用水量是一天 3272 公升。至於每個人的民生用量，則大約是這個數字的 8%。這表示每人一天大約消耗 262 公升的水，不過只有其中的四分之一被拿來飲用或澆灌庭園的花草植物；剩下四分之三的水（將近 200 公升！）則成爲家庭廢水，從浴缸、馬桶、水槽、洗衣機等排出。

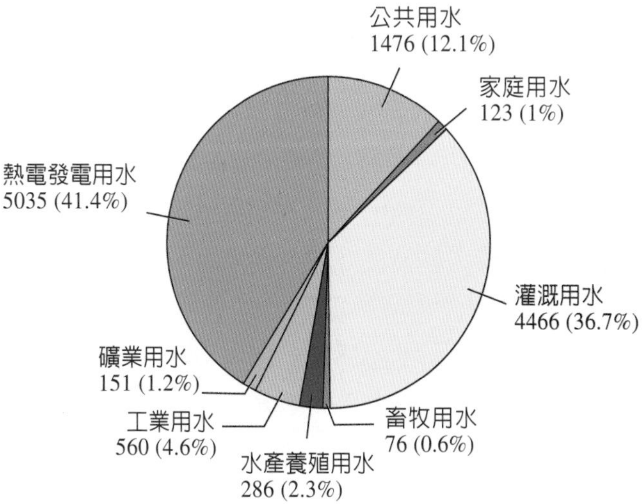
公共用水
1476 (12.1%)
家庭用水
123 (1%)
熱電發電用水
5035 (41.4%)
灌溉用水
4466 (36.7%)
礦業用水
151 (1.2%)
工業用水
560 (4.6%)
畜牧用水
76 (0.6%)
水產養殖用水
286 (2.3%)

圖 16.5
2015 年美國的用水情形（單位是：億公升／天）。

*雖然這些報導每五年做一次，但由於整理資料及交叉比對數據需要花費數年的時間，因此當本書印刷出版之際，2020 年的數據還沒出爐。若想知道資料整理的最新進度，可上網查詢：http://water.usgs.gov/watuse。

或許你認爲我們僅消耗可用淡水資源的 15%，似乎沒什麼必要節約用水。然而這個百分比只是個平均值，在美國西部許多較乾燥的地區，人們的用水速率已超過該地區含水層的補充速率。例如，在新墨西哥州的阿布奎基（Albuquerque），過去四十年來，逐步攀升的用水量，已造成當地的地下水位下降 50 公尺左右。當地政府的因應之道是，計劃在未來十年內，逐步減少 30% 的用水。這意味著當地居民必須要一天少用一億四千萬公升的水，好讓水成爲永續的天然資源。

每個地區的淡水品質不盡相同。好比說，較深部位的積水，往往含有大量溶解的固體。因此，即使在淡水豐沛的地區，也要重視水資源的保養，以維護少數質地最純的水源。再者，我們並非唯一仰賴淡水的生物。許多生態系，例如湖泊和溼地，已經受到人類用水持續增加的威脅。但只要我們能夠保護水資源，即使人口日益成長，也可以紓解生態系所遭受的威脅。

根據美國地質調查所的報告，美國水資源的保護已有不錯的成績。如右頁圖 16.6 所示，1980 年是全美用水量的高峰期，每天高達 14,200 億公升。不過到了 2015 年，用水總量已降到一天 12,188 億公升；即使在這段期間，美國人口從原來的二億三千萬人成長到三億二千五百萬人。這個驚人的省水成果，有一大部分是來自於灌溉技術的改善（請見《觀念化學 4》15.7 節），當然，民眾對保護水資源意識的覺醒，也功不可沒。

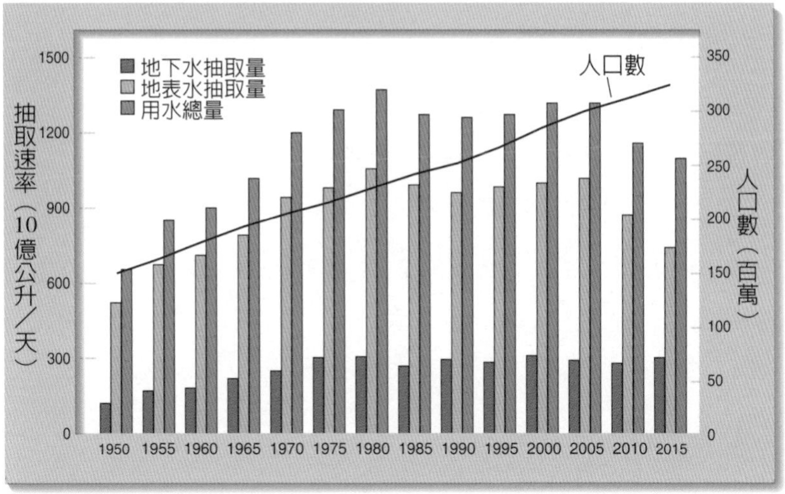

圖16.6
從 1950 年到 2015 年，美國的用水總量逐年增加，有很大一部分原因是來自灌溉系統的擴建及都市計畫的發展。不過，在 1980 年後，即使人口日益增長，節約用水措施已使得用水量大幅降低。

生活實驗室：聰明用水

這個實驗中，你將要測量你家浴室的水流速率，並利用此速率來估計你每天在個人衛生上所消耗的水量。

■ 請先準備：

有公分刻度的尺、水桶、500 毫升的量杯、有秒針的鐘或錶。

■ 請這樣做：

1. 測量抽水馬桶的用水量：

   先計算馬桶水箱的水容量，方法是把水箱的長乘以寬乘以水的高度（以公分爲單位）。（先將水箱的蓋子掀開，估計水位距離箱頂幾公分，再用水箱的總高度減去這段距離，就可以得到水的高度。）把你得到的數字除以 1000，就可以將立方公分換算成公升。

   或者，你也可以關閉讓水流進馬桶水箱的閥門，並將原有的水沖掉，再用量杯把水加入水箱中，直到正常的滿水位高度，並記下你添加了多少水量。這樣，你就能求得每次使用抽水馬桶所消耗的水量。因此你每天從抽水馬桶沖掉的水是：

____公升／次 × ____次／天 ＝ ____公升／天

（每次沖掉的水） （每天沖幾次） （每天沖掉的水量）

2. 測量沐浴或淋浴的用水量：

利用量杯將一公升的水倒入水桶中。把水位的高度做記號後，將桶內的水倒掉（最好能倒在花園或盆栽中給植物利用）。轉開浴缸的水龍頭或淋浴用的蓮蓬頭，以你平常用水的流速，將水灌入水桶中，並計算當水位抵達記號處需要幾秒鐘（如果你是使用蓮蓬頭，可以把蓮蓬頭直接伸入水桶中灌水，以確保所有流出蓮蓬頭的水都能進入水桶中）。如此一來，就可以得到水流的速率（公升／秒）。把這數值乘以60秒／分鐘，即可將流速轉換成每分鐘幾公升。例如，集水一公升需要5秒鐘，那麼水的流速便是：

（1公升／5秒） × （60秒／1分鐘）＝12公升／分鐘

下次當你淋浴或沐浴時，注意你讓水流了幾分鐘，就可以計算你洗澡用掉的水有多少：

____公升／分鐘 × ____分鐘／天 ＝ ____公升／天

（水的流速） （每天讓水流幾分鐘） （每天用掉的水量）

3. 測量浴室洗手台的用水量：

打開浴室洗手台的水龍頭，以平常用水的流速，測量水灌滿量杯所需的秒數（還記得嗎？500毫升等於0.5公升）。記錄你一天刷牙、洗臉或刮鬍子時，讓水以這種速率流掉的總秒數，便可以算出你每天在這方面所消耗的水量：

____公升／秒 × ____秒／天 ＝ ____公升／天

（水的流速）（每天讓水流幾秒鐘）（每天用掉的水量）

4. 把這些在浴室中用掉的水加起來，得到你一天在個人衛生上所消耗的水是：____公升／天

生活實驗室觀念解析

漏水的水龍頭或馬桶會大幅增加浴室裡的耗水量。想要知道漏水的水龍頭，一天流失多少水，你可以計算收集漏水（好比說 0.1 公升）所需的分鐘數，以求得漏水的速率（公升／分鐘），再乘以一天的分鐘數（一共是 1440 分鐘），就可以求出你的水龍頭一天漏掉幾公升的水。

至於計算馬桶的漏水量（不妨先參考第46頁「小小妙招，大大省水」中的第 3 項，以確認你的馬桶是否有漏水問題），你可以先在馬桶水箱的水位做個記號，然後關閉馬桶的水源。過了幾個鐘頭以後，以分鐘爲單位記下你等待的時間，並且測量水箱中的漏水量（方法是把水位下降的高度，乘以水箱內的長、寬，這些測量都是以公分爲單位，相乘之後你會得到單位是立方公分的體積。想轉換成公升，只要把這個數字除以 1000 立方公分／公升）。將你測得的漏水量（以公升爲單位），除以漏掉這些水所花的分鐘數，你將得到每分鐘流失幾公升的水（也就是馬桶漏水的速率）。把這個速率乘以 1440 分鐘／天，就可以計算出你的馬桶一天漏掉幾公升的水。

16.3 淨水廠讓我們喝得安心

喝起來沒有安全顧慮的水，我們稱之爲可飲用（potable）的水。在美國，從烹飪到抽水馬桶，日常生活中所使用的水都是可飲用的水。當我們從天然水資源製造可飲用的水時，首要步驟便是移除水中所有的泥沙顆粒及細菌之類的病原。下頁圖 16.7 顯示，把熟石灰和硫酸鋁加入水中後，會凝結出膠狀的氫氧化鋁。氫氧化鋁一開始會分散在水中，但若稍微攪拌，會使它凝結成塊，沉降到容器底

部，同時也把許多懸浮的泥沙及細菌一起帶走。最後，再將這水經由砂礫過濾，便可以得到初步處理的乾淨水。

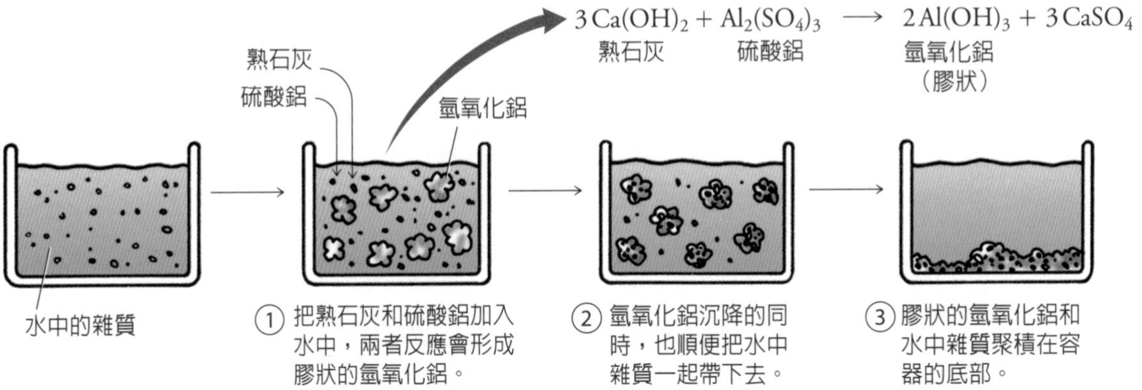
$3\,Ca(OH)_2 + Al_2(SO_4)_3 \longrightarrow 2\,Al(OH)_3 + 3\,CaSO_4$
熟石灰
硫酸鋁
氫氧化鋁
（膠狀）
熟石灰
硫酸鋁
氫氧化鋁
水中的雜質
① 把熟石灰和硫酸鋁加入水中，兩者反應會形成膠狀的氫氧化鋁。
② 氫氧化鋁沉降的同時，也順便把水中雜質一起帶下去。
③ 膠狀的氫氧化鋁和水中雜質聚積在容器的底部。

圖16.7
當熟石灰遇上硫酸鋁時，會產生膠狀的氫氧化鋁，可以捕捉水中的雜質。

至於改善水的味道，許多淨水廠會利用一連串的空氣柱裝置，讓水流過其間，進行「曝氣作用」(aeration)。曝氣作用可以移除許多有臭味的揮發性化學物質，例如硫化物；還可以除掉放射性氣體，例如氡氣，這種元素存在許多天然的水資源中，尤其是地下水。此外，經過曝氣的水，因爲有氣體溶解其中，喝起來口感比較好（缺乏溶解氣體的水，喝起來比較平淡無味）。最後，這些水還需要以消毒劑或殺菌劑處理，通常是使用氯氣，有時則用臭氧。完工的水最後會存入大水缸中，準備灌進配水的管線。

已開發國家具備大量生產可飲用水的技術與設備，結果造成許多人民把飲水視為理所當然的事。然而在開發中國家，由於淨水廠不足，使這些地區的人民必須以熱飲（例如茶）來取代喝水，以便藉由煮沸過程來消毒；或者是用碘錠來殺菌。只是煮沸生水所需要的燃料及消毒所用的錠劑，未必隨時都能夠取得。結果，在這些地區，平均每小時約有超過 400 人因為飲用不淨的水，感染霍亂、傷寒、痢疾、肝炎等疾病而死亡，其中大多數是小孩子。有鑑於此，美國一些製造業者發明了桌上型淨水系統，可將水浸入有殺菌功效的紫外線中；其中一種重約七公斤的機型，如圖 16.8 所示，每分鐘可消毒 60 公升的水。

除了病菌之外，從水井或河流取得的水還可能含有有毒的金屬，它們是在天然的地質形成過程中滲入水中的。例如，孟加拉境內許多水井都鑿得很深，以避開表層水中肆虐的病菌。

但問題是從這麼深的井裡所得到的水，往往含有大量的砷汙染。這些砷來自地底下的岩石，而這些岩石則是來自喜馬拉雅山的河流所攜帶的沉積物。由於該地區人口稠密，估計約有七千萬人可能受到某種程度的砷中毒，導致皮膚病變，以及高出正常值的癌症罹患率。

目前有人正在研發低成本的方式，來移除井水中的砷。方法之一是（如下頁圖 16.9 所示），讓受汙染的水流經含有鐵填充物及砂粒的長管子。其中的鐵可以還原水溶性的砷酸根離子成亞砷酸（orthoarsenous acid），亞砷酸可與砂粒結合，因而從水中被移除。

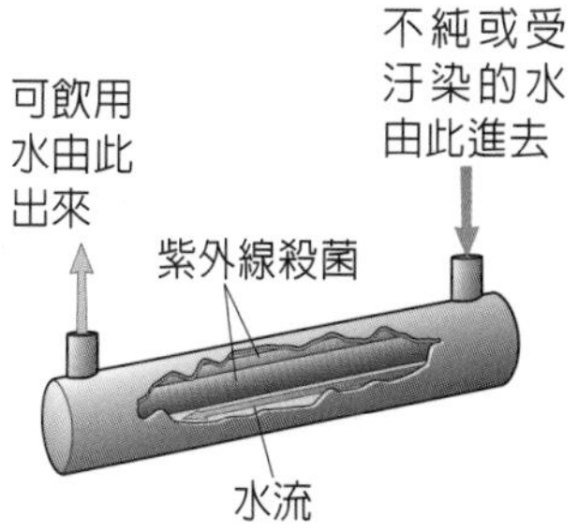

圖 16.8
如圖顯示的小型消毒淨水器，對不易取得可飲用水的地區，極具價值。

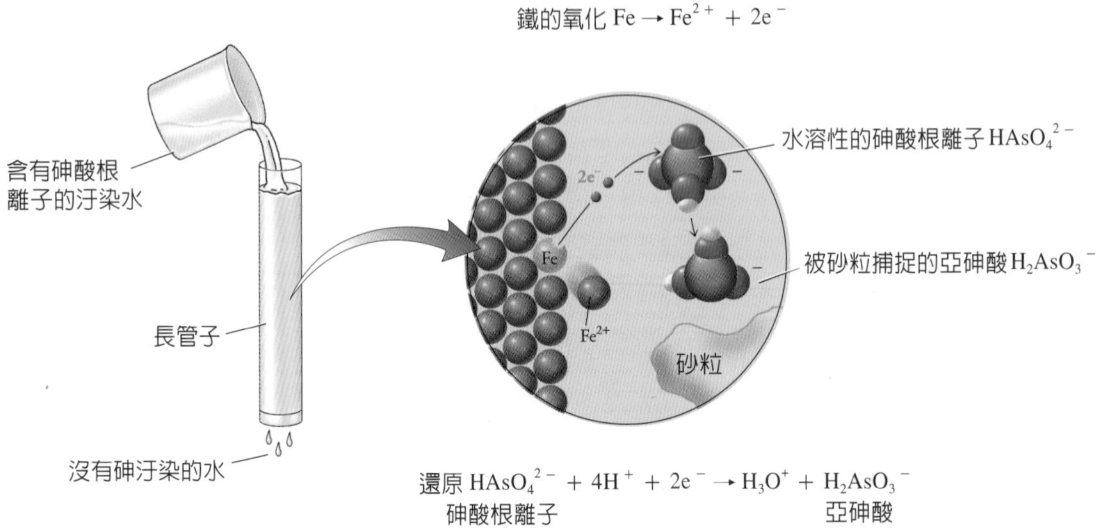

圖16.9

圖示移除井水砷毒的一種方式。讓水流經含有鐵填充物及砂粒的長管子過濾。水溶性的砷酸根離子會從金屬鐵那邊獲得電子，形成較不溶於水的亞砷酸，亞砷酸會被砂粒捕捉，因而不會跟著水流出管子。

觀念檢驗站

Q

淨水廠為了純化水質，往往在水中加入一些化學物質。但根據你在《觀念化學1》第 2 章所學到的，在水中添加任何東西，都會使水變得不純。既然如此，為什麼淨水廠卻以添加化學物質的方式來提高水的純度呢？

你答對了嗎？

A

進入淨水廠的水，通常含有懸浮固體物的不均質混合物。這些化學物質的添加，可以捕捉這些懸浮物，然後沉降到底部，以方便移除。利用這種方式可以減少水中雜質，因而提高水的純度。

16.4 從鹹水變成淡水

由於許多地區消耗了過量的天然淡水資源，愈來愈多人把目標轉向遠比淡水豐沛的海水或微鹹（brackish）的地下水，希望能開發出特殊技術，將它們轉化成可用的淡水。

從海水或微鹹水中去除鹽分的過程叫做「脫鹽作用」，這種過程需要大型的裝置。目前全球約 120 個國家設有脫鹽廠，每天共生產 868 億公升的水。其中以沙烏地阿拉伯製造的脫鹽水產量居全球之冠。沙烏地阿拉伯的海水脫鹽廠加總起來，一天大約可以生產 40 億公升的水。

在加勒比海、北非、以及中東等地區，有很多地方的民生用水主要仰賴脫鹽的海水。美國有超過 1000 座海水脫鹽廠，每天合計製造超過 4 億公升的水。在美國，多數經過脫鹽處理的水都用於工業用途，這些水主要來自微鹹的地下水，或溶有大量礦物質的水。

移除海水中和微鹹水中的鹽，有兩種主要的方式：蒸餾及逆滲透。這些技術也能有效除去多種其他的汙染物，像是硬水離子、病菌、肥料、殺蟲劑等，因此也可以用來純化淡水。好比說許多廠牌的瓶裝水，都是將淡水經過蒸餾或逆滲透處理後所得到的水。

如《觀念化學 1》第 2.4 節所述，蒸餾的方法是先使某液體氣化，再將蒸氣冷凝成純化的液體。世上超過 60% 的脫鹽水是以這種方式製成的。不過，由於水的氣化需要高溫，使這項技術非常耗費能量。目前，大多數的蒸餾廠都以燃燒大量化石燃料的方式，將水加熱。這種方式造成的空氣汙染，與所得到的淡水產量相較之下，代價似乎超過許多。

圖 16.10 顯示的太陽能蒸餾器，不需要燃燒化石燃料，但每一平方公尺的表面積，只能得到每日 4 公升淡水的產量。對單一個家庭或一個小村莊而言，這種面積需求也許很容易被接受，但是在寸土寸金的都會區裡，太陽能蒸餾器就變得比較不實用；尤其是，當你瞭解到大面積的太陽能蒸餾器的維修費用有多高時。

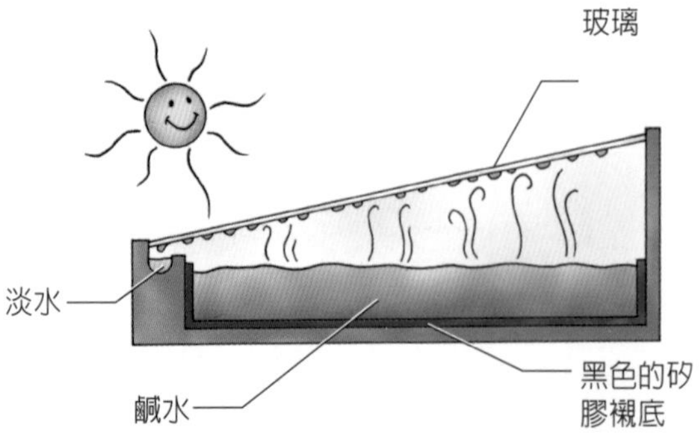

圖 16.10
圖中這種太陽能蒸餾器在德州與墨西哥邊界的一些偏遠社區頗為流行，因為從大河盆地（Rio Grande basin）來的水很鹹，且經常受到農業用化學物質的汙染。

世界上有許多地區偏好以逆滲透方式來脫鹽。想要瞭解逆滲透，你得先瞭解**滲透**，這是水分子從溶質濃度較低（或等於零）的地方，移動到溶質濃度較高的地方的淨流。圖 16.11 顯示水分子經由**半透膜**滲透。所謂的半透膜是含有次微孔的薄膜，只允許水分子通過，任何比水分子大的溶質顆粒是無法通過的。

當我們以半透膜將淡水與鹹水隔開時，水分子從淡水這邊移向鹹水那邊的速率，會超過從鹹水那邊移向淡水這邊的速率。這是因爲淡水這邊的水分子比鹹水那邊的水分子多。

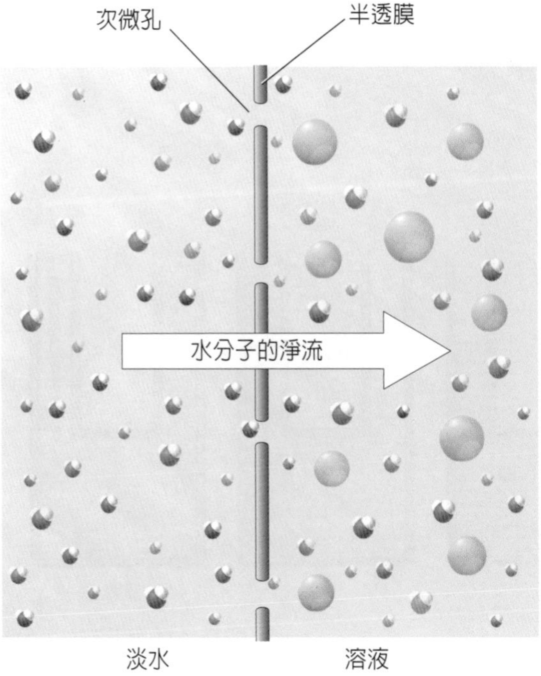

圖 16.11
滲透作用的示意圖。半透膜上的次微孔僅允許水分子通過。因為在淡水這邊的水分子比在溶液那邊的水分子多，使得從淡水這邊移向溶液那邊的水分子，比相反方向移動的水分子多。

滲透的結果會使鹹水的體積增加，淡水的體積減少。體積的改變會造成壓力的累積，叫做滲透壓。在圖 16.12a的系統中，滲透壓是由位置較高的鹹水所造成。隨著水分子從淡水移向鹹水，鹹水體積逐漸上升，造成滲透壓逐漸升高。上升的壓力迫使一些水分子穿越半透膜，從鹹水這邊再移向淡水那邊，與滲透方向相反。

最後，水分子從鹹水這邊移向淡水那邊的速率，會與它們從淡水那邊移向鹹水這邊的速率相同，即達到所謂的平衡狀態，如圖 16.12b所示。而如果我們從鹹水這邊再加上一個外來的壓力，將有更多的水分子被迫從鹹水這邊移向淡水那邊，如圖 16.12c所示。這種現象恰好與滲透現象相反，水分子被迫從溶質濃度較高的一邊，越過半透膜，來到溶質濃度較低的另一邊，這種過程就是所謂的**逆滲透**，也就是從鹹水製造淡水所利用的原理。

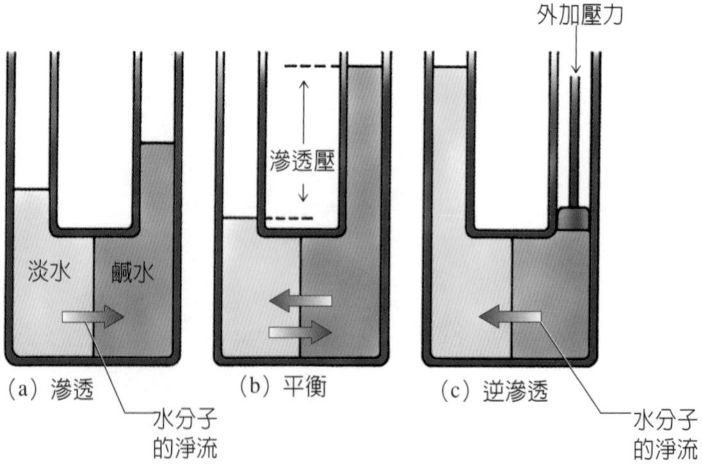

圖16.12
(a) 滲透導致鹹水的體積增加，造成鹹水這邊的壓力上升。(b) 當鹹水這邊的壓力高到某種程度，從淡水那邊過來的水分子與從鹹水這邊過去的水分子數量相當。(c) 外加的壓力強迫水分子從鹹水這邊移向淡水那邊，使得鹹水往淡水的水流速率，大於淡水往鹹水的水流速率。

當海水與淡水藉由半透膜間隔開後，所產生的滲透壓可高達 24.8 個大氣壓（相當於每平方公分的面積上有 25.6 公斤重）。如果要讓海水進行逆滲透，外加的壓力勢必高過這個滲透壓。想要製造這麼高的壓力，不僅在技術上頗有難度，同時也是一個耗能的過程。儘管如此，工程師已成功的研發出耐用的逆滲透單元，如圖 16.13 所示，這些單元銜接好後，每天可從海水中製造數百萬公升的淡水。當逆滲透脫鹽廠在處理微鹹的地下水時，也相對的較為經濟，因為它所需的外加壓力比較低。

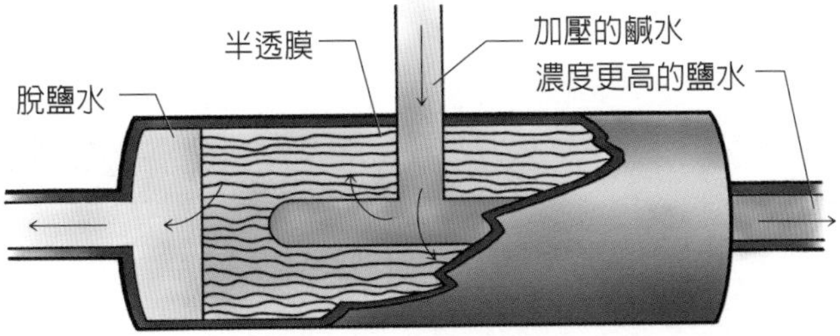

圖 16.13
工業用逆滲透單元的示意圖。單元內有許多疊在加壓鹹水外的半透膜，當脫鹽水從一端被擠出時，濃度變得更高的鹽水從另一端排出。將許多逆滲透單元並聯在一起運作，可以從鹹水生產出大量的淡水。

觀念檢驗站

Q　黃瓜細胞的細胞膜是一種半透膜，表示只有水分子可以自由進出該膜，溶質分子則無法如此。如果把黃瓜浸泡在高濃度的鹽水中，黃瓜會枯萎，因為它的水分子離開細胞，進入鹽水中。請問這種現象屬於滲透作用還是逆滲透？

你答對了嗎？

A

這種現象並沒有牽涉到外加的壓力，因此我們可以剔除逆滲透的可能。其實，黃瓜枯萎是告訴你它的細胞失去水分子，想必這些水分子是跑到鹽水中，而這就是滲透。這時你不妨加一點調味料及正確的菌種，就可以醃製酸黃瓜囉！

生活實驗室：微淨水器

你可以在家自製一個效率不佳、但是很好玩的蒸餾器。

■ 請先準備：

深一點的鍋子、水、食用色素、食鹽、重一點的馬克杯（高度至少比鍋子矮三公分）、食物保鮮膜、大橡皮圈（可以套住鍋子）、剪刀、冰塊、小海綿。

■ 安全守則：

戴上安全眼鏡，並注意實驗產生的蒸氣，因爲被蒸氣灼傷可不好受。

■ 請這樣做：

1. 把水倒入鍋內至1公分的深度，然後在水中加入幾滴食用色素，及1茶匙的食鹽，攪拌均匀。
2. 在鍋子中央放置馬克杯。

3. 在鍋子上端覆蓋一層保鮮膜，用橡皮筋固定住。但注意，不要把鍋子完全封死，要在鍋子相對的兩邊留一點空隙，以防鍋內蒸氣壓的累積，因爲稍後要將水煮沸。用剪刀將垂在橡皮筋之下的保鮮膜剪掉。在保鮮膜中央放一個冰塊，冰塊的重量會使保鮮膜略向馬克杯中央下垂。
4. 戴上你的安全眼鏡，把你自製的「蒸餾器」放在爐子上，以小火煮沸鍋內的水。觀察冰塊下方是否出現雲霧的跡象。蒸氣在冰塊下方冷凝成液態水後，會降落到馬克杯中。注意，當水在沸騰時，馬克杯可能在鍋中跳動，如果跳動得太厲害，可將火轉小一點。
5. 繼續將水煮沸直到冰塊完全融化，在冰塊融化的過程中，可以隨時用海綿將水吸走。

檢查馬克杯中的水，包括用眼睛看並且用嘴巴嚐幾滴。爲什麼鍋內的食用色素或鹽巴沒有進入馬克杯中？你能夠改良這個蒸餾器，讓它可以利用日光來驅動蒸餾過程嗎？

生活實驗室觀念解析

在你自製的簡易淨水器中，由於鍋內水分很快的蒸發，但是溶解其中的溶質有更高的沸點，所以沒有跟著水蒸發掉。因此，無論是食用色素或是鹽巴，這兩種溶質都不會進入馬克杯中。

在將鍋子加熱時，熱水上方的暖空氣裡充滿了水蒸氣。由於暖空氣比冷空氣還能保留水蒸氣，因此當充滿水蒸氣的飽和暖空氣，遇到冰塊被冷卻時，就會開始形成小水滴，最後如下雨般掉進馬克杯中。

自然界中，許多雨雲的形成，都是由於上升的濕暖空氣發生冷卻。關於蒸發與凝結的詳細原理，請參考《觀念化學2》第8章。

另外，你也可以利用日光來驅動你的淨水器喔！不過爲了提高吸熱的效果，最好使用深色、不反光的鍋子，而且要用塑膠包膜完全密封鍋口。

脫鹽的海水及脫鹽的微鹹水是重要的淡水新來源。雖然這些淡水比天然淡水成本高，但我們可以說這樣恰可反映出淡水的珍貴。在美國，天然的淡水資源可說相當豐富，讓很多賣水公司可以每公升不到美金一分錢的低價銷售淡水。儘管如此，消費者仍願意以每公升二元美金的價格來購買瓶裝水！每年，美國人花在瓶裝水的費用高達四億美元，且賣水的市場仍持續迅速成長中。然而，除非我們懂得保護淡水資源，否則可以預見的是，未來我們將逐漸仰賴蒸餾及逆滲透作用來取得飲水。

16.5 水汙染源哪裡來？

水的汙染有兩種來源，一種是**定點來源**，一種是**非定點來源**。所謂的定點來源，是指汙染物從一個特定、明確的地點進入水域中，例如工廠或汙水處理廠的廢水排放管；這類的定點汙染很容易監視及管理。非定點來源則是指汙染物起源自不同的地點，街道上出現的汙油殘餘物是其中一例。當雨水把這些汙油殘餘物沖刷到河流湖泊中，便會汙染水源。

此外，農田裡的逕流及居家常用的化學物質，在暴雨的沖刷下，排入各種水域中，則成為另外兩種常見的非定點汙染源。由於非定點來源的汙染很不容易控管，因此最有效的解決之道是對大眾宣導環保意識，強調負責任的處理措施。在美國，保養草坪也是造成水汙染的一大非定點來源，如右頁圖 16.14 所示。

圖 16.14
在美國，草坪覆蓋了二千五百萬到三千萬英畝的土地，這面積比一個維吉尼亞州還大。為了保養草坪，每英畝所使用的殺蟲劑比農田的用量多了2.5倍。

美國自從 1972 年清水法案的通過，再加上後續的修正案，許多由定點來源引起的水汙染已逐漸減少。在 1972 年之前，保護水資源是市政當局的責任。不過，大家都知道預防勝於治療的道理，在汙染物排入天然環境前，先做好控管的工作，遠比讓汙染物排入自然後再來補救有效許多。因此，清水法案將保護水資源的責任移嫁到任何把廢物排放到水中的個人或機構，例如當地的製造業者，以達到預防的效果。

當河流或湖泊受到汙染時，也許還有辦法可以挽救。但若是地下水受汙染，可就不是這麼回事了；就算是把汙染源移除，想要清除已經造成汙染的汙染物，恐怕花一輩子的時間也辦不到。這不僅是因爲地下水很難接近，還因爲許多含水層裡的水流速率非常緩慢（每天大約只流動幾公分而已）。如下頁圖 16.15 所示，地下水容易遭受各種定點與非定點來源的汙染。

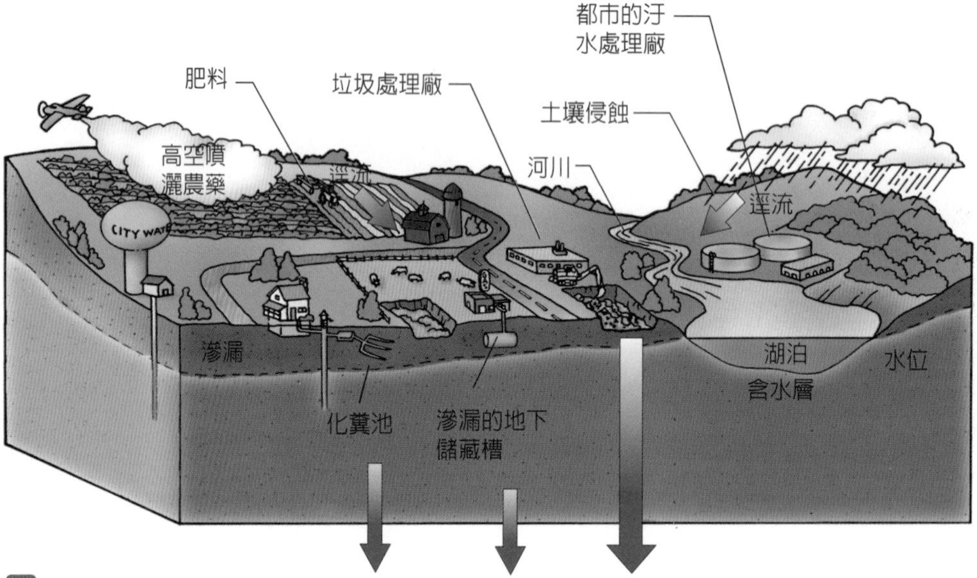

圖16.15
圖中的箭頭顯示幾種重要的地下水汙染源。

在城市中的垃圾處理廠，是常見的地下水汙染源。當雨水滲入垃圾處理廠，可能會將許多種化學物質從固體廢棄物中溶解出來。如此產生的溶液叫做**滲濾汙水**，它可能跑進地下水中形成汙染團（contamination plume），並隨著地下水流動的方向擴散，如右頁圖16.16 所示。爲了減少地下水受汙染的機率，可以在垃圾處理場的底部鋪上幾層密實的黏土或塑膠布，以防止滲濾汙水進入地下；或者，也可以用專門收集任何滲濾汙水的特殊裝置來接收汙水。

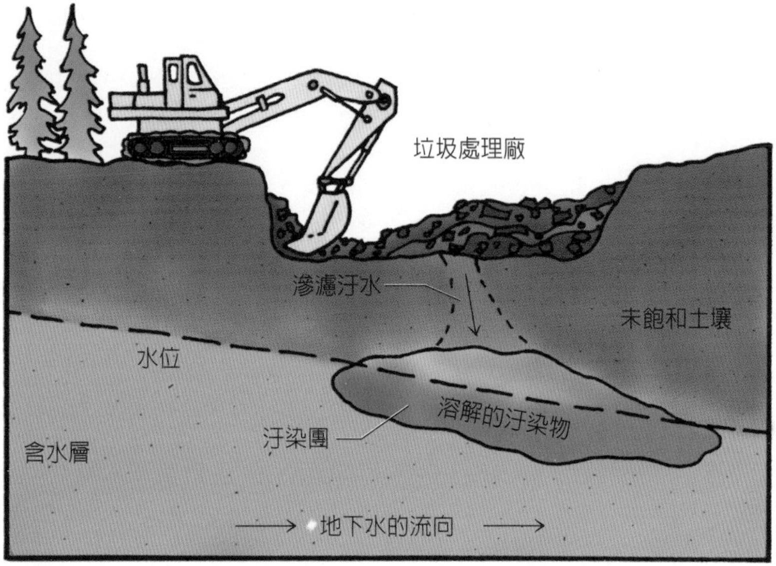

圖16.16
滲濾汙水所形成的汙染團，順著地下水流動的方向擴散。

另一種常見的地下水汙染源是汙穢物，包括化糞池裡排出的東西，及下水道不足或破損造成的汙染。動物的糞便，尤其是來自工廠式的動物農場，也是地下水（及河水）的汙染源。這些汙水含有細菌，要是不加以處理，可能引發一些經由飲水傳染的疾病，例如傷寒、霍亂及傳染性肝炎。如果這些受汙染的地下水，在空隙頗大的地下沉積物之間迅速的移動，那麼這些細菌和病毒便可以散播到相當遠的地方。但要是這些地下水流經僅含微小空隙的沉積物，像是沙子，那麼這些病菌將可以被濾除。

觀念檢驗站

Q

定點汙染源和非定點汙染源有什麼不同？

你答對了嗎？

A

定點汙染源是來自特定的地方，你可以在地圖上準確的指出該地點。非定點汙染源代表的是許多不同來源的集合，每一個來源都很難追蹤。想在地圖上指出非定點汙染源，你也許需要畫一個圓。

16.6 微生物能改變水中的氧濃度

天然來源的水中含有許多生物，其中以微生物居多。這些微生物有些會致病，有些則對人體無害。對水域而言，它們主要的功能是分解有機物質；好比說，讓死魚的屍體不會永遠停留在池底，因爲水中的細菌會將這些有機質分解成含有碳、氫、氧、氮、硫等元素的小分子。

我們可以大致將細菌分爲嗜氧菌及厭氧菌兩類。**嗜氧菌**僅在有氧氣的環境中分解有機質，**厭氧菌**則在缺氧的環境中分解有機質。這兩類細菌分解有機質的產物也大不相同：水中的嗜氧菌利用溶解於水中的氧氣，將有機質轉化成二氧化碳、水、硝酸根、硫酸根等化合物，這些產物都不具氣味，即使大量製造，對生態系也沒什麼大礙；至於水中的厭氧菌，則是利用不同的化學機制來分解有機質，並產生可燃性的甲烷（CH_4）、有惡臭的腐屍胺（putrescine，$NH_2C_4H_8NH_2$）、硫化氫（H_2S，也有惡臭）等化合物。糞坑裡就是因爲缺乏溶解的氧氣，適合厭氧菌分解有機質，才會臭氣沖天！

當有機質被引入某水域中，嗜氧菌便需要溶解的氧氣來分解有機質。**生化需氧量**（biochemical oxygen demand，BOD）一詞就是用來形容這種需求。當有更多的有機質進入該水域中，BOD 會增加，導致水中溶解的氧氣減少，因爲嗜氧菌需要消耗氧氣來進行分解工作。如果有過量的有機質被引入水域中，好比說汙水處理廠的排放物，那麼水中溶解的氧氣將急劇減少，少到水生動物都活不了，如圖 16.17 所示。接著，嗜氧菌繼續分解這些水生動物的屍體，更進一步降低水中的含氧量，結果連最有韌性的生物也死掉了。最後，水中的含氧量會降到零。這時候，會製造惡臭的厭氧菌便開始接掌水中世界。

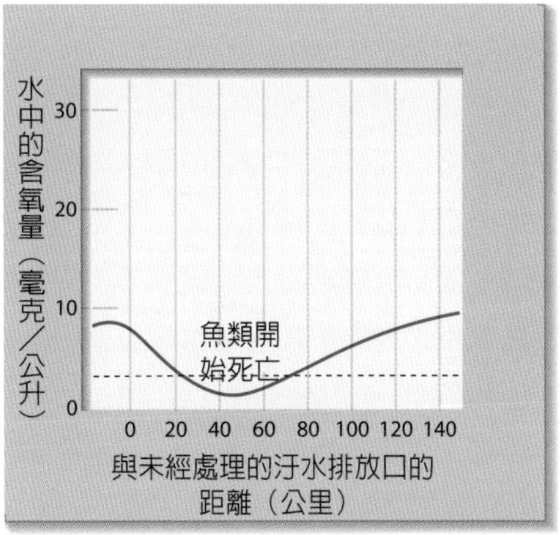

圖 16.17
排放到河水中的汙水，會使水中的氧氣含量急劇下降。由於嗜氧菌分解有機廢物需要一些時間，且因為河水會流動，因此在河流的較下游處，水中含氧量的下降情形往往最顯著。當水中的含氧量低於 3 毫克／公升，魚會開始死亡。

觀念檢驗站

Q

你認爲哪一種水域進行有氧分解有機質的能力較佳：一潭靜水，還是潺潺溪水？

你答對了嗎？

A

有氧分解的能力受限於溶於水中的氧氣含量。在潺潺溪水中，因爲有氣體流通，所以即使有氧分解的過程中會消耗氧氣，也可以迅速補充回來。但在靜止的潭水或池水中，就不是這麼回事。因此，就每一立方公尺的體積做比較，潺潺溪水的有氧分解能力較佳。

除了有機廢物，來自肥料的硝酸及磷酸根離子等無機廢物，也會造成水中含氧量的下降。因爲這些無機物是藻類及水生植物的養分，會讓水中的藻類迅速生長，形成藻華（algal bloom，即藻類過量繁殖的現象）。這些大量生長的藻類在晚間所消耗的氧氣，比白天行光合作用所產生的氧氣還多。而且在某些環境中，藻華可能覆蓋水域的表面，阻擋來自大氣中的氧氣，使水裡更加缺氧。當水生生物窒息而死，連帶大量的死藻也沉降到水底，嗜氧菌便開始分解這些有機質，直到水中的氧氣用光爲止，然後輪到厭氧菌出場運作。這個過程叫做**優養化**（eutrophication，源自希臘文的「營養良好」一詞），意思是說無機廢物給藻類及水生植物增添養分，使這些植物過度生長繁殖，導致溶於水中的氧氣濃度逐漸下降。

16.7 將廢水處理過再排放

在檀香山市，每天有大約二億八千萬公升的廢水來到當地最大的汙水處理廠，然後被送往低於海平面幾百公尺深的地方。這種方式的廢水處理要求比較不嚴格，但內陸的汙水處理廠是不輕易排放廢水的。

大多數城市底下都有下水道系統，裡頭的東西必須先經過處理，才能排入水域中。處理的程度有很大一部分要視這些處理過後的水，是要排放到河川或是海洋而定。如果是進入河川，廢水需要經過最高程度的處理，以免危害下游的社區。不過，如果汙水處理廠就位在四周都是深水海洋的地方，那麼處理廢水的要求就沒那麼嚴謹。

人類的排泄物來到汙水處理廠時，已經是沒有形狀的汙穢流體。不過在這些汙水中，仍有許多無法溶解的東西，包括一些小型塑膠產物，像是衛生棉條的置放器，及一些較大的砂礫物，例如咖啡渣及小石頭。如下頁圖 16.18 所示，所有廢水處理的第一步是讓這些汙穢物流經一個過濾器，先將其中的塑膠製品及油脂移除，再通過一個砂礫槽讓砂礫沉澱（這就是爲什麼汙水處理廠的經理會告訴你，這些不能溶解的東西，甚至包括烹飪製造的油脂，都應該當作固體廢物來丟棄，而不應該從廚房或廁所的水槽排出去）。

接下來的步驟叫做初級處理（primary treatment），就是讓已過濾的廢水進入一個大型的沉澱池，在此，先前過濾器無法捕捉的微細固體顆粒，將被沉澱出來成爲汙泥。經過一段時間，這些汙泥從沉澱池的底部被移走，並送往垃圾處理廠。不過，有些汙水處理廠設有大型的熔爐，可以燃燒乾燥的汙泥，有時會連同其他的廢棄物（例如紙類製品）一起焚燒。燃燒產生的灰燼比較密實，可以節省垃圾處理廠的空間。

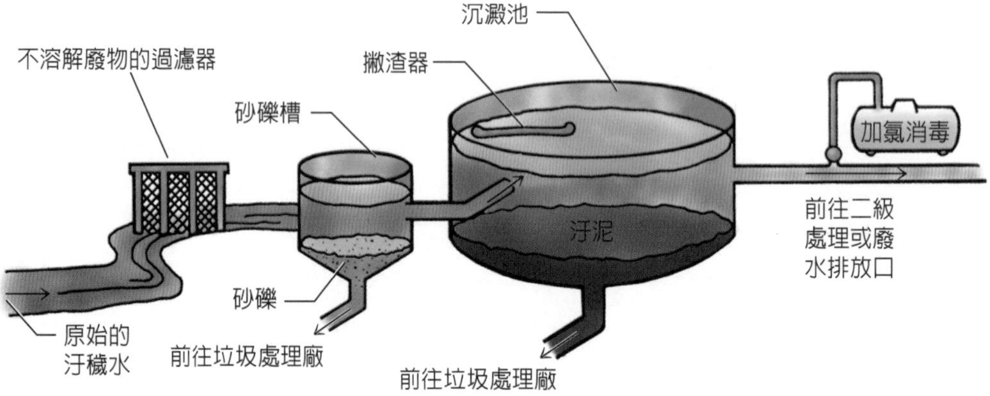
沉澱池
不溶解廢物的過濾器
撇渣器
砂礫槽
加氯消毒
汙泥
前往二級
處理或廢
水排放口
砂礫
原始的
汙穢水
前往垃圾處理廠
前往垃圾處理廠

圖16.18
圖示汙水處理廠進行初級處理的過程。沉澱池表面的旋轉撇渣器，可以移除在過濾步驟中未被捕捉的浮游雜質。

經過初級處理的廢水，通常得以氯氣或臭氧消毒後，才能排放到環境中。使用氯氣的好處是即使離開汙水處理廠後，還能在水中停留一段時間，提供殘餘的保護作用，以延長抗菌的效果。不過，氯氣若與水中的有機化合物反應，會形成碳氫氯化物，其中很多都是致癌物。再者，氯氣只會殺死細菌，對病毒毫無損傷。臭氧的消毒效果比較好，因爲這種氣體可以殺死細菌及病毒，同時不會產生致癌物之類的副產物。不過，臭氧的壞處在於它無法提供殘餘的保護。在美國，大多數的汙水處理廠都使用氯氣消毒。歐洲的汙水處理廠則傾向使用臭氧。在某些地區，氯氣和臭氧則被強力的紫外線燈取代，紫外線就像臭氧一樣，能殺死細菌和病毒，但同樣無法提供長時間的殘餘保護。

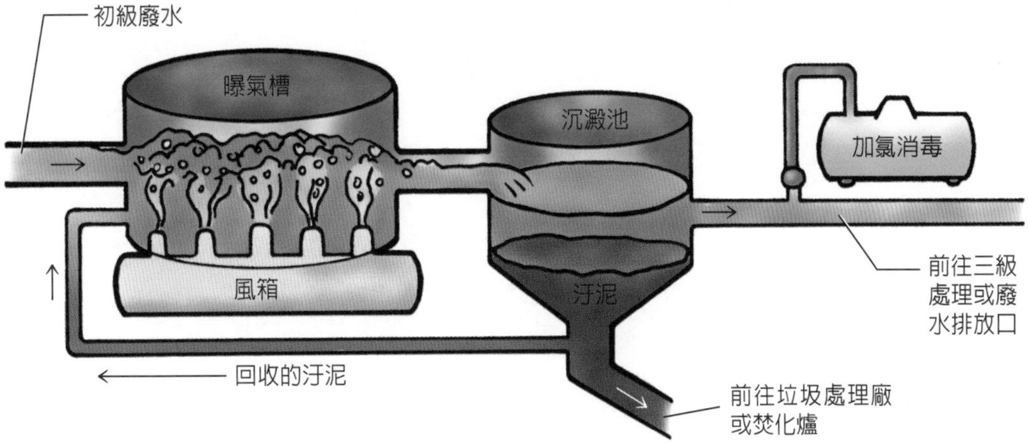
初級廢水
曝氣槽
沉澱池
加氯消毒
風箱
汙泥
前往三級
處理或廢
水排放口
回收的汙泥
前往垃圾處理廠
或焚化爐

圖16.19
此圖顯示都市地下水系統的廢水如何進行二級處理。

經過初級處理的廢水仍有極高的BOD值，根據清水法案，在許多地方都禁止這種廢水的排放。因此有所謂的二級處理（secondary treatment），如上圖 16.19 所示，它的做法是讓初級處理過的水通過一個曝氣槽，裡面供應氧氣，使嗜氧菌繼續分解有機質，然後再進入一個沉澱池，讓初級處理時未除去的顆粒在此沉澱並去除。由於在此沉澱步驟中產生的汙泥含有大量的嗜氧菌，因此其中有一部分會被回收到曝氣槽中，提高分解有機質的效率。剩餘的汙泥則被移往垃圾處理廠或焚化爐處理。二級處理最主要的好處，在於明顯降低初級廢水的BOD值。

有許多城市的要求，甚至達到三級處理（tertiary treatment）的水準。三級處理的過程有若干種，大多包含某種形式的過濾。最常見的方法是讓經過二級處理的廢水流經一層由碳粉鋪成的過濾器，它能捕捉前面步驟未能移除的微細顆粒。三級處理能夠對我們的水資源提供更佳的保護，可惜的是，三級處理成本很高，通常非必要關頭是很少使用的。

話雖如此，其實初級處理和二級處理的成本也不低。因此，在適當的時候，上百萬元的汙水處理費用可能被轉移到其他種廢物處理法，例如我們將要介紹到的進階整合池系統。

觀念檢驗站

Q

請問初級、二級、三級廢水處理的主要目的分別是什麼？

你答對了嗎？

A

初級處理主要利用沉澱池，從原始的汙水中移除大量的固體廢物及汙泥。二級處理則利用曝氣來降低排出廢水裡的BOD值。三級處理利用碳粉或更細的顆粒，過濾初級、二級處理過程中未去除的病菌及廢物。

利用進階整合池系統處理廢水

進階整合池系統（Advanced Integrated Pond, AIP），是一種廢水處理的方法，適用於已開發國家及開發中國家裡許多人口約 2,000 到 10,000 人的社區。處理的方式是先將廢水導入一個大型池中，讓植物利用廢水中的營養物做為肥料。再以船槳系統打氣，以確保排放物裡隨時都含有氧氣；而陽光中的紫外線則能夠提供天然的殺菌效果。從 AIP 系統排出的水，其乾淨程度可與傳統處理廠中的二級處理水相比，有時甚至更乾淨。

加州大學柏克萊分校的研究者曾設計一種 AIP 的原型，它的成本是效能相當的傳統汙水處理廠的三分之一或半價。省錢的原因有一大部分是因為 AIP 系統利用太陽能來運作打氣筒，傳統的二級處理廠則是利用電能，將氣體打入廢水中。這個曝氣步驟所消耗的電能，占了廢水處理所需總電能的 60%，甚至更多。

此外，在 AIP 系統中，還有藻類及其他植物利用太陽能行光合作用，使廢水飽含氧氣，以供嗜氧菌分解廢水中的有機質。在美國南部的陽光地帶，AIP 系統特別實用，因為那裡太陽能非常充足；另外，AIP 系統在開發中國家也很實用，因為那裡的電能供應不足，甚至闕如（目前，全球已有超過 85 個AIP系統，分別在不同的地方運作著）。

AIP 系統的另一個優點是，它只會製造很少量的汙泥。在這些水池中，汙泥會發酵到只剩少量的殘餘物，如此一來，就十分符合處理汙泥的環保要求。再者，收成的作物是 AIP 系統極佳的生質能來源，它們可以經由發酵產生甲烷燃料（天然氣），或是在燃氣輪機中焚燒，產生電能。

也許要改善廢棄物處理方式的最大障礙，不在技術的瓶頸，而是在於我們能否接受一次搞定整套系統的大筆開銷。與其把我們製造的廢棄物視爲垃圾，不如把它們看作等待被回收利用的資源。

想一想，再前進

淡水是地球提供的珍貴資源之一。顯然，每一個地球公民都必須謹記淡水的可貴，並採取保護措施來維護水資源。

生活在現代的世界，有很多節約用水的方式，是你很容易做得到的，這些方式將有助於確保後世子孫的水源供應。好比說，在一般的淋浴中，水流速率約每分鐘 40 公升。你可以安裝一種便宜的省水蓮蓬頭，如圖 16.20 所示，來減緩 70% 的水流速率。如果美國的每一個家庭都安裝這種蓮蓬頭，那麼每年約可省下 24,000 億公升的可飲用水，這大約是全美國整年用水總量的 0.5%。身為一位好公民的你，不妨參考以下由美國水資源與能源節約協會提供的更多省水辦法，共同來節約用水。

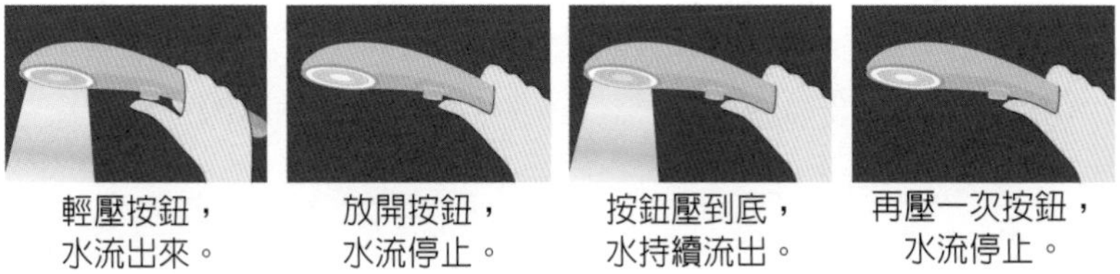

輕壓按鈕，
水流出來。
放開按鈕，
水流停止。
按鈕壓到底，
水持續流出。
再壓一次按鈕，
水流停止。

圖16.20
這個省水的蓮蓬頭能夠減緩水的流速，並有一個快速停止鈕，可以讓你在塗抹肥皂之際，暫時將水關閉。

小小妙招．大大省水

1. 在沒有用水的時候，選一段兩個小時的區間，在這段時間的前後各讀一次水表。如果兩次水表的數值有不同，那麼你家的供水系統可能有外漏，必須找人盡快將漏水問題解決。

2. 將會滴水的水龍頭裡的墊圈更新。假使水龍頭的滴水是每秒一滴，那麼你可以計算出一年將浪費掉 11,000 公升的水。
3. 檢查馬桶的水箱是否有漏水，方法是加一點食用色素到水槽中。如果馬桶有漏水問題，你將在 30 分鐘內看到馬桶裡的水出現顏色。
4. 避免不必要的馬桶沖水。
5. 如果你家有夠寬廣的庭園，你可以嘗試設置堆肥式廁所，這不是用水沖掉排泄物，而是將排泄物埋入泥炭苔中，並在通氣的情況下，以嗜氧菌分解其中的有機質。每隔幾個月，把乾掉的無臭堆肥物移走，可做爲庭園的肥料。
6. 縮短淋浴的時間。
7. 當你用手洗碗（而不是用洗碗機）時，可在水槽或大鍋子內裝滿肥皂水來清理油汙，然後以較小的水流來沖洗乾淨。
8. 使用洗碗機或洗衣機時，最好等機器內載滿要清洗的東西再洗，或是視要清洗東西的多寡來調整水位。
9. 與其把菜屑等有機廢物當作垃圾丟棄，不如把它們拿去堆肥，因爲當作垃圾處理的方式不僅很耗水，還會汙染水資源，況且這些有機廢物本來就應該回歸土壤。
10. 布置庭園時，選擇本土或耐旱的草地、灌木及喬木。這類植物種下去之後，可以不用經常澆水，且通常能夠輕易度過乾旱的時期，一滴水也不用澆。
11. 清洗車道或走道時，用掃把清理取代用水管沖洗。
12. 如果你打算在飯店停留一夜以上，在早上起來後不妨自己整理床鋪。因爲飯店在清洗床單時，往往要消耗大量的水。
13. 多多光顧提倡省水觀念及行動的商家。

14. 遵守你居住的那一區所實施的節約用水及用水限制法規。
15. 鼓勵家人、朋友及鄰居加入保護水資源的社群，提高節約用水的意識。

關鍵名詞解釋

水文循環 hydrologic cycle 水在自然界裡的循環。（16.1）

水位 water table 地表向下滲漏的水，會填入土壤顆粒間的小空隙，直到土壤中的每個小空隙都填滿水分，達到飽和狀態。這種飽含水分區域的最上界就是水位。（16.1）

含水層 aquifer 有地下水流動的土壤層。（16.1）

滲透 osmosis 這是水分子經由半透膜從溶質濃度較低（或等於零）的地方移動到溶質濃度較高的地方的淨流。（16.4）

半透膜 semipermeable membrane 僅允許水分子通過次微孔的薄膜，其他的溶質分子皆無法通過。（16.4）

逆滲透 reverse osmosis 強迫水分子通過半透膜以純化水的一種技術。（16.4）

定點來源 point source 汙染物從一個特定、明確的地點進入水域的汙染源。（16.5）

非定點來源 nonpoint source 汙染物源自非特定地點的汙染源。（16.5）

滲濾汙水 leachate 雨水滲入垃圾處理廠，將許多種化學物質從固體廢物中溶解出來所產生的溶液。（16.5）

嗜氧菌 aerobic bacteria 僅在有氧的環境下分解有機物質的細菌。（16.6）

厭氧菌 anaerobic bacteria 僅在無氧的環境下分解有機質的細菌。（16.6）

生化需氧量 biochemical oxygen demand 用來表示水中嗜氧菌所消耗的氧量的數值。（16.6）

優養化 eutrophication 排入水體中的無機廢物給藻類及水生植物增添養分，使這些植物過度生長繁殖，導致溶於水中的氧氣濃度逐漸下降。（16.6）

延伸閱讀

1. 瑪林（Michael A. Mallin）發表在《美國科學家》（*American Scientist*, 2000年1-2月）的文章〈工業化生產動物製品對河流與海口的影響〉（Impacts of Industrial Animal Production on Rivers and Estuaries）指出：

   20年前開始出現的工廠式動物農場，逐漸成爲潮流。本文探討這種形式的農場對北卡州的河流及海口所帶來的衝擊，該州是美國境內第二大豬肉生產區。

2. http://water.usgs.gov
   這是美國地質調查學會的網站，上面有美國最新近的水資源報導，另外還可以看到一些已發表的文章，報導美國各大水源系統的情形。

3. https://www.wateronline.com/
   這個關於「水與廢水」的網站是要促進管理水資源的專家之間的交流與互通。

4. http://www.waterwiser.org
這個網站是幾個環境組織的合作計畫，包括美國自來水工程協會和美國環境保護局等組織。在這裡可以購買一些相關的書籍、小冊子或文章。

5. http://www.awwa.org
美國自來水工程協會的網站。這是一個國際性、非營利的科學與教育組織，旨在改善飲用水的品質與供應。

6. http://www.bicn.com/acic
想要知道孟加拉的砷毒危機，可以瀏覽這個首頁中的「砷毒危機資訊中心」。下面這個網頁對於如何以化學方式移除砷毒有詳細的說明：www.wateronline.com/doc/arsenic-removal-technologies-a-review-0001

第16章　觀念考驗

關鍵名詞與定義配對

嗜氧菌	非定點來源
厭氧菌	滲透
含水層	定點來源
生化需氧量	逆滲透
優養化	半透膜
水文循環	水位
滲濾汙水	

1. ______：水在自然界中的循環。
2. ______：土壤中飽和區域的最上界，所謂的飽和區域是指土壤顆粒間的空隙都填滿水的地帶。
3. ______：有地下水流過的土壤層。
4. ______：水分子從溶質濃度較低（或等於零）的地方，經由半透膜移動到溶質濃度較高的地方的淨流。
5. ______：含有次微孔的薄膜，只允許水分子通過，任何比水分子大的溶質顆粒都無法通過。
6. ______：強迫水分子通過半透膜來純化水的一種技術。
7. ______：從某特定、明確的地點進入水域的汙染源。
8. ______：從各個不同的地點進入水域的汙染源。

9. ______：水從固體廢棄物處理廠滲濾後所形成的溶液，裡面夾雜許多可溶於水的物質。
10. ______：只有在有氧的情況下才分解有機質的細菌。
11. ______：只有在無氧的情況下才分解有機質的細菌。
12. ______：嗜氧菌在水中需要消耗的氧氣多寡。
13. ______：無機廢物給藻類及水生植物增添養分，使這些植物過度生長繁殖，導致溶於水中的氧氣濃度逐漸下降。

分節進擊

16.1 水文循環

1. 地球上大多數的淡水存在何處？
2. 地球上約有多少水資源屬於淡水？
3. 有哪兩種力量在推動水的循環？
4. 在什麼地方可以看到高於地面的水位？
5. 地球上大多數的流動淡水是在地面上，還是地面下？

16.2 我們把水用到哪裡去了？

6. 在美國，過去幾十年來，每年的用水量是逐漸上升，還是逐漸下降？
7. 哪一種人類活動消耗最多的淡水？
8. 如果以五年爲一期，從上一個五年到下一個五年之間，美國所消耗的淡水總量是否有下降的趨勢？

16.3 淨水廠讓我們喝得安心

9. 爲什麼經過處理的水在經由管線輸送給用戶之前，要先經過曝氣？

10. 大多數的淨水廠都用什麼東西來過濾水？
11. 在沒有淨水廠的地方，人們用哪兩種方式來消毒水？
12. 孟加拉的水資源一直受到什麼樣的天然元素汙染？

16.4 從鹹水變成淡水

13. 有哪兩種主要的方式可將海水脫鹽製成淡水？
14. 太陽能蒸餾法有什麼缺點？
15. 為什麼半透膜只允許水分子通過，其他的溶質離子或分子則無法通過？
16. 所謂的逆滲透是指什麼東西受到逆向操作？

16.5 水汙染源哪裡來？

17. 為什麼地下水的汙染物需要很久的時間才能清除？
18. 要怎樣設計固體廢棄物處理廠，才能減少滲濾汙水的擴散？
19. 什麼樣的土壤是病菌無法穿過的？
20. 美國在 1972 年通過的清水法案將什麼東西轉移了？

16.6 微生物能改變水中的氧濃度

21. 有氧分解作用有哪些主要的產物？
22. 無氧分解作用有哪些主要的產物？
23. 水中的有機質會如何影響水中的溶氧量？
24. 地下水中的硝酸通常是怎麼來的？

16.7 將廢水處理過再排放

25. 為什麼位在夏威夷的汙水處理廠，對於汙水處理的要求不像美國境內其他處理廠的要求那麼嚴格？

26. 處理原始汙水的第一步驟是什麼？
27. 進階整合池系統利用什麼樣的能源給廢水打氣？

想一想，再前進

28. 堆肥式廁所比抽水式馬桶多了哪兩項好處？

高手升級

1. 把世界地圖攤開來看，你會發現那些歷史悠久的城市不是緊鄰著河流，就是曾經傍著舊時的河流而居。你認爲這是爲什麼？
2. 大家都知道海水是鹹的，但是當海水蒸發形成雲後，降下來的雨水卻變成淡水。請說明原因。
3. 地表上大多數的降雨在它們再度變成雨水之前，都跑到哪裡去了？
4. 加州的聖荷亞金谷因爲長期抽取地下水灌溉農田，造成水位下降 75 公尺。目前當地抽水情形已大幅減少，含水層正緩慢的補充水分，而灌溉的水源也改成利用渠道從鄰近的內華達山引水灌溉。除此之外，你認爲還有什麼其他的措施，可以確保在可見的未來還能有充足的水源供應？
5. 抽取地下水會導致地層下陷。如果現在禁止抽取地下水，下陷的地層會再升回原來的高度嗎？請提出你的看法。
6. 我們的身體算不算水文循環的一部分呢？
7. 就環境保護的立場而言，爲什麼地下水遭受汙染，比地表水受汙染還要來得嚴重呢？
8. 極性化合物與非極性化合物相比，何者比較容易出現在滲濾汙水中？
9. 在都市的水源供應中，使用氯氣和臭氧消毒，各有什麼優缺點？
10. 爲什麼保護淡水資源很重要？
11. 逆滲透原理可否用來從糖水溶液中取得淡水呢？請說明。

12. 一棵樹的頂端細胞所含的糖分，比底部細胞所含的糖分高，這種情形如何協助水分從根部向上輸送？
13. 爲什麼用乾淨的自來水沖馬桶，就像用瓶裝水沖馬桶一樣浪費呢？請畫一個簡單的設計圖，展示如何利用樓上浴缸的水，來沖樓下馬桶的抽水系統。
14. 用逆滲透法純化淡水，比用逆滲透來純化鹹水，在成本上便宜很多，爲什麼？
15. 紅血球細胞內含有許多溶於其中的離子和礦物質，當我們把這些細胞放進淡水中，會出現爆破的情形。這是爲什麼呢？
16. 有些人不敢喝蒸餾水，因爲他們聽說蒸餾水會濾掉體內的礦物質。利用你知道的化學知識，解釋這些擔憂沒有科學根據的原因，並說明爲何蒸餾水其實是很好的飲料。
17. 如何經由冷凍來將水脫鹽？這種方式主要有什麼優缺點？
18. 潺潺的溪水與靜止的池水，哪一種比較會有難聞的氣味？爲什麼？
19. 磷酸曾經是洗衣粉裡常見的成分，因爲它可以軟化水質。現在爲什麼禁止使用了呢？
20. 在一個優養化的小池子裡，打氣筒可以幫上什麼忙？不過，在使用打氣筒前，應該先做什麼處理？
21. 在我們的消化道裡幫忙分解食物的細菌，是屬於嗜氧菌還是厭氧菌？有什麼證據可以支持你的答案？
22. 化糞池、破裂的汙水管及農場排泄物可能因爲外漏，而使裡面的細菌及其他病原汙染了地下水。不過，在很多情況下，這並不會造成嚴重的健康問題，即使病菌的數量龐大。你認爲這是爲什麼？
23. 當汙水集中到處理廠後，其中所含的固體廢物最後跑到哪裡去了？
24. 紫外線和臭氧兩者的消毒功效有什麼相似的地方？
25. 什麼原因使都會或郊區的社群無法發展進階整合池系統？
26. 爲什麼設計良好的堆肥式廁所，不會發散出異味？

焦點話題

1. 許多品牌的罐裝水，每公升的價錢比汽油貴。你認爲人們爲什麼還是願意購買這麼貴的水呢？
2. 說不定哪一天，我們可能得從極地拖兩大塊冰山，來供應沿海城市所需的淡水。如果眞的要這樣做，你可以預見在技術上、政治上、環境上及社會上，會出現怎樣的阻礙？
3. 地球上最低的地方是在以色列的死海（低於海平面 413 公尺），它距離地中海 80 公里，距離紅海大約 175 公里。有人考慮開鑿一條運河，讓死海與地中海或是紅海相通。由於沿著這條運河的海拔差距很大，可以提供足夠的水壓，讓海水藉由逆滲透作用來脫鹽，如此每年將可生產 8 億立方公尺的淡水。請問這項計畫有什麼好處與壞處？
4. 討論過死海建造脫鹽廠的計畫之後（請見上一個焦點話題），大家不妨想想，在運河另一端該怎樣利用帶有逆滲透過濾器的長管子，來抽取海水中的淡水。畫一個簡單的設計圖，看看怎樣解決這種技術上的難題。
5. 假設你是埃及總統，在你的國家裡，尼羅河是唯一的淡水來源。當你聽到上游國家衣索比亞已經展開河水工程，將限制尼羅河的水流，你會採取怎樣的行動？
6. 有鑑於人性的本質，美國陸軍工程兵團水資源研究所的社會學家布里斯考利（Jerome Delli Priscoli）指出：「人類對水的需求，是避免戰爭衝突的一大誘因。」你同不同意這句話？究竟大家對水的共同需求，將會拯救全人類，或是讓人類走向滅亡呢？

17

空氣資源

我們現在呼吸的空氣，

跟地球剛形成時的大氣成分已經大不相同。

許多空氣汙染的成因，

其實都與你、我直接或間接的相關。

當天氣愈來愈炎熱，先別急著打開冷氣，

讀完這一章，我們一起來正視空氣汙染，

以及全球增溫的問題！

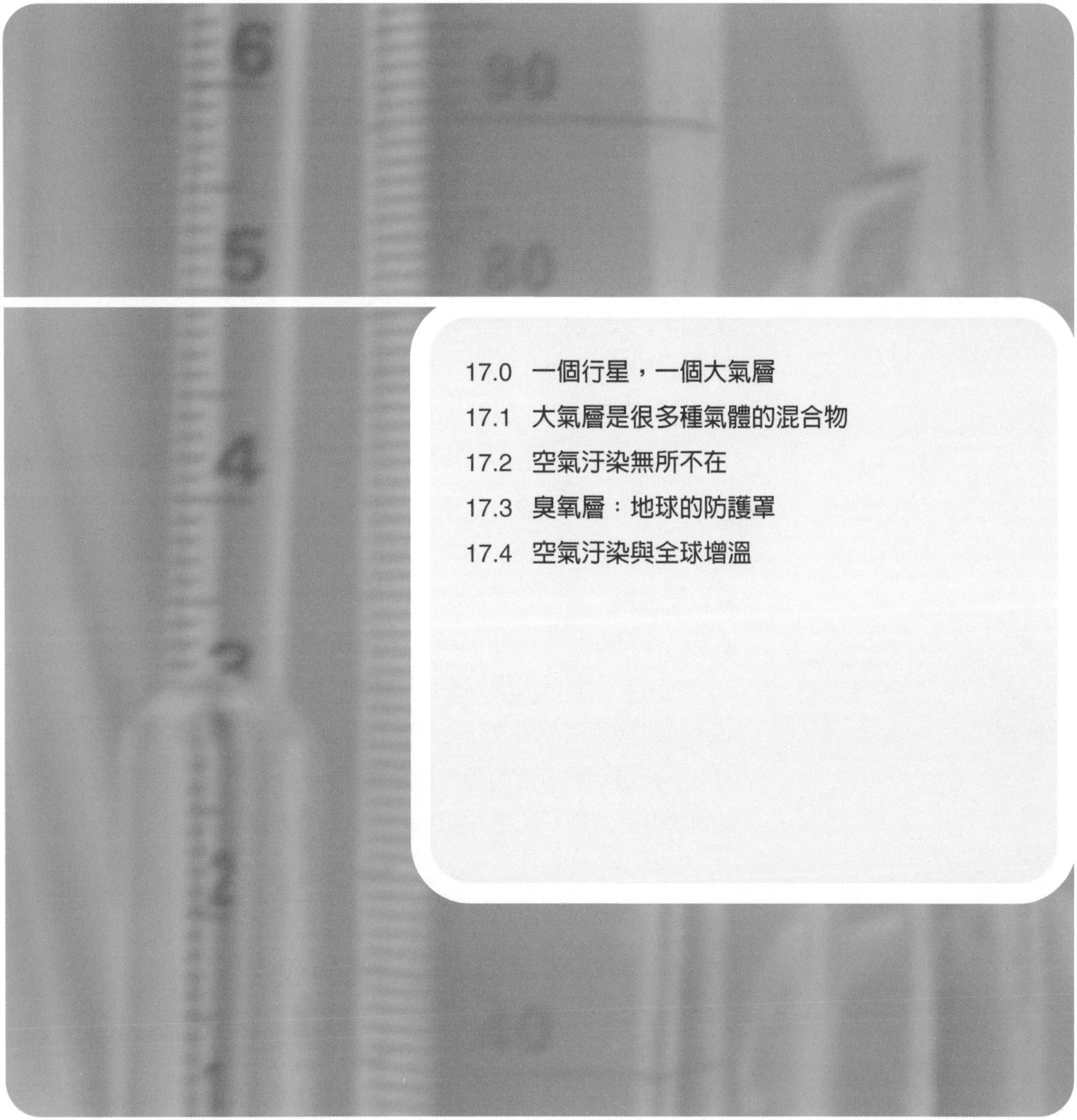

17.0 一個行星，一個大氣層

地球的大氣層有很大一部分是涵蓋地面以上 30 公里高度以內的範圍。和地球 13,000 公里的直徑相比，30 公里的厚度就像一層超薄的東西，薄到從外太空看地球時，大氣層就好像是貼著地平線的一條細帶子。的確，如果說地球是一顆蘋果，那麼大氣層差不多就像蘋果皮那麼薄！在前一章，我們瞭解到淡水是有限的資源。現在我們則要知道，感覺上似乎無所不在的空氣，也是有限的資源。

空氣汙染不僅是眾所周知的問題，而且是一個超越國與國、洲與洲的問題。好比說，化學家在北美洲採集到的空氣中，可以偵測到中國精煉廠釋放出來的重金屬；北半球釋出的氟氯碳化合物，也會影響南極上空的臭氧濃度。自從內燃機問世，大氣中的二氧化碳濃度已經顯著上升，使得全球增溫現象是一個可預見的結果。

地球是一個巨大的飼養所，人類以這個飼養所的看護者自居，而這份工作所賦予的責任之一，是瞭解地球的資源該如何妥善管理運用，好讓地球所有的居民都能受益。在這一章裡，我們要探討大氣的基礎動力學，以及人類活動所帶來的衝擊。

17.1 大氣層是很多種氣體的混合物

如果陽光不再提供熱能，如右頁圖 17.1 a所示，那麼圍繞地球的氣體分子將沉降到地面，很像一大堆玉米躺在未插電源的爆米花機底部那樣。一旦你把電源插上，每顆玉米都奮不顧身的向上衝，在嗶嗶啵啵的聲音中，爆出一朵朵的玉米花。同樣的道理，當你把太陽能引進這些氣體分子中，它們也會拚命的向上衝。玉米粒的速率是每秒 1 公尺，它們頂多只能跳個 1 、2 公尺的高度；然而經過太陽能加熱的空氣分子，它們的移動速率是每小時 1,600 公里，其中有一些氣體甚至可以上升到 50 公里的高度。

圖 17.1 b顯示，如果沒有地球的重力，氣體分子會飛入太空，從地球上消失。因此，幸好有太陽的熱能加上地球的重力，造就了超過 50 公里厚的氣體層，我們稱它爲「大氣層」（atmosphere），如圖 17.1 c所示。大氣層提供了生物所需的氧氣、氮氣、二氧化碳及其他氣體。大氣層吸收了宇宙輻射，又把它們散射掉，使地球的居民受到保護。大氣層也防止太空中的殘骸物如大雨落下，打傷我們，因爲任何衝向地球的東西，在抵達地面以前，就已經被燒掉了。原因是，飛行的殘骸物穿越大氣層所引起的摩擦生熱現象，會導致殘骸物燒毀。

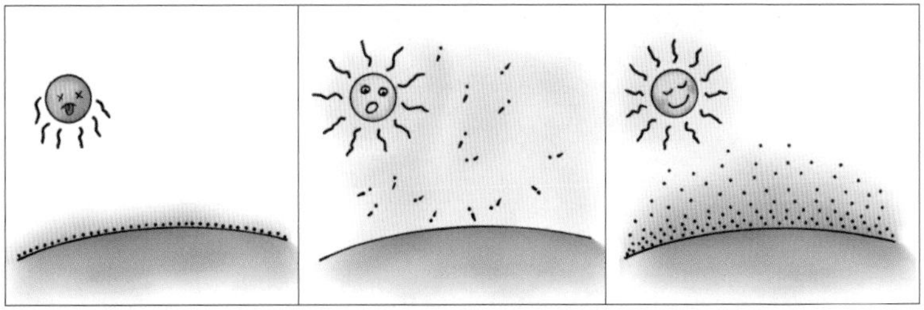

（a）大氣層只受地球的重力影響，沒有太陽的熱能；氣體分子躺在地表。

（b）大氣層只受太陽的熱能影響，缺乏地球的重力；氣體分子飛進太空。

（c）既有太陽熱能、也有地球重力的大氣層；氣體分子向上衝得很高，卻又不會逃出地球外。

圖 17.1
我們的大氣層是太陽熱能與地球重力兩者合作的成果。

表 17.1 顯示，今日地球的大氣層是個氣體雜陳的混合物：其中主要的氣體是氧氣和氮氣，還有少量的氬氣、二氧化碳、水氣，以及微量的其他元素與化合物。不過地球的大氣層並非一直都是這樣的組成；好比說，氧氣是在 30 億年前，當原始的生命形式演化出光合作用後，才出現在大氣中的。二氧化碳的濃度也是隨著時間發生極大的變動。

表17.1 地球的大氣組成

濃度相當穩定的氣體	體積的百分比	濃度經常變動的氣體	體積的百分比
氮氣	78	水氣	0到4
氧氣	21	二氧化碳	0.034
氬氣	0.9	臭氧	0.000004*
氖氣	0.0018	一氧化碳	0.00002*
氦氣	0.0005	二氧化硫	0.000001*
甲烷	0.0001	二氧化氮	0.000001*
氫氣	0.00005	顆粒（塵埃、花粉）	0.00001*

*在汙染空氣中的平均值

也許我們太習慣周圍這些看不見的空氣，以致於忘了它們是有質量的東西。在海平面上，一立方公尺的空氣約有 1.25 公斤的質量。因此，在普通大小的房間裡的空氣，大約有 60 公斤的質量，相當於一個成年人的質量。

當你在水面下，你上方的水重會對你的身體產生壓力，當你潛入愈深的地方，在你上方的水也愈多，你身上受到的水壓就愈大。同樣的道理也可以用在空氣上，因爲空氣有質量，重力會作用在空氣上，使它具有重量。因此，空氣的重量會對存在空氣中的東西施加壓力，這就是所謂的「**大氣壓**」(atmospheric pressure)，當你在大氣層愈底部的地方，所承受的大氣壓就愈大。比如說，當你在海平面時，你等於是位在一大片「氣海」的底部，那裡有最大的大氣壓。當你去爬山，你的位置升高了，所受到的大氣壓就變小了。你若繼續往大氣層上方前進，來到外太空，那裡的大氣壓等於零。

如果你曾經去爬山，你可能會發現隨著海拔的升高，空氣變得愈來愈冷。在海拔較低處，空氣普遍較暖和。這是因爲地表會將吸收的太陽熱能發散掉，當這種熱能向上發散時，會使周遭的空氣增溫，只是隨著與地面距離的增加，這種效應會遞減。

你可能也注意過空氣會隨著海拔的上升，而愈來愈稀薄；也就是在同一體積下，能供你呼吸的空氣分子變少了。拿一大疊羽毛來看，你就會明白這是怎麼回事。你會發現堆在底部的羽毛，因爲上方羽毛的重量而被擠扁；而位在頂端的羽毛則依然蓬鬆，不像底部的羽毛那麼緊密。同樣的道理，靠近地球表面的空氣因爲大氣壓較大，而被擠在一起。隨著海拔的上升，由於大氣壓的遞減，使空氣密度逐漸下降。不過，和一堆羽毛不同的是，大氣層並沒有一個明確的頂端，而是愈來愈稀薄，直到幾近眞空的外太空。大氣層半數以上的質量集中在高度 5.6 公里以下的地方，而大約有 99% 的質量，則在高度 30 公里以內的範圍中。

科學家把大氣層分成若干層，每一層都有自己的特性。最底下的一層叫做**對流層**，大氣 90% 的質量都存在這一層，基本上它包含了大氣層中所有的水蒸氣和雲層，如圖 17.2 所示。天氣的變化就發生在這一層，因此一般商用客機都飛在對流層頂端，以縮減惡劣天氣帶來的衝擊。對流層的最高處距離地面大約有 16 公里，它的溫度隨著高度的上升而穩定的遞減。到了對流層頂端，平均溫度大約是 − 50℃。

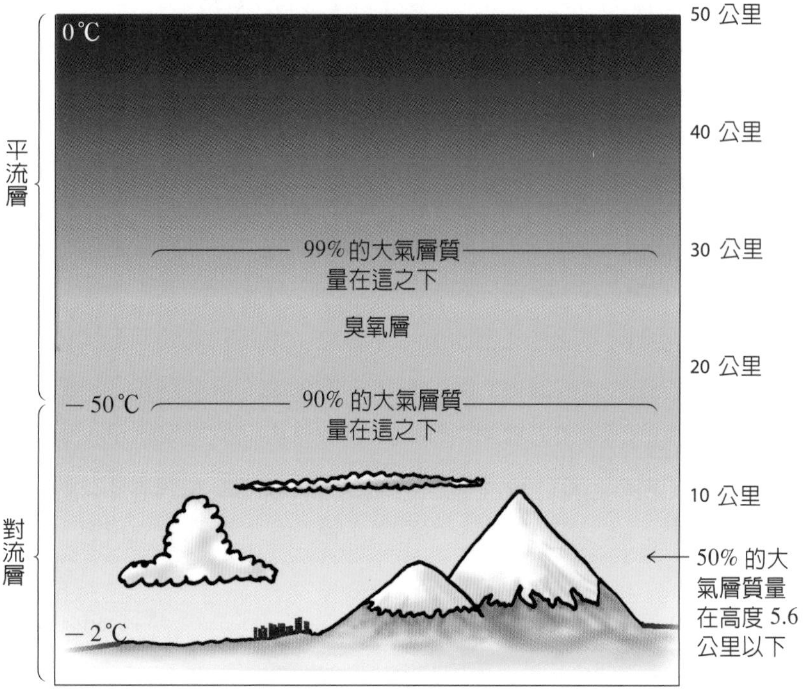

圖 17.2
大氣層中底端的二個分層：對流層和平流層。

對流層之上是**平流層**（或稱同溫層），它的最高處大約在距離地表 50 公里的地方。在平流層中，距離地面 20 到 30 公里處，是臭氧層的所在。平流層的臭氧能過濾陽光中的紫外線，使我們免受這種輻射的傷害。此外，這些臭氧也會影響平流層的溫度。在平流層最低處，氣溫最涼爽；因爲臭氧有隔絕太陽熱能的功效，所以在這個高度的空氣基本上可以說是受到臭氧的庇蔭。在平流層較高處，臭氧較稀薄，庇蔭的效果降低，使平流層頂端的氣溫可以一直上升到 0℃。

化學計算題：空氣的密度

有了空氣的密度（1.25 公斤／立方公尺），要計算任何體積的空氣質量就很容易了，只要把空氣的密度與體積相乘就好了。首先，我們假設一間普通的房間，體積大約是 4 公尺 × 4 公尺 × 3 公尺＝48 立方公尺。那麼，在這房間裡的空氣質量就是：

$$\frac{1.25\text{公斤}}{\text{立方公尺}} \times 48\text{立方公尺} = 60\text{公斤}$$

如果你想知道這樣是多少磅，你可以用一公斤等於 2.2 磅來換算：

$$60\text{公斤} \times \frac{2.2\text{磅}}{\text{公斤}} = 132\text{磅}$$

例題：

在一間體積爲 796 立方公尺的教室中，空氣的質量是多少公斤？

解答：

已知空氣的密度是 1.25 公斤／立方公尺，所以空氣的質量是：

$$796\text{ 立方公尺} \times \frac{1.25\text{ 公斤}}{\text{立方公尺}} = 995\text{ 公斤}$$

這個值大約是 17 位體重約 58 公斤的學生的總質量呢！

■ **請你試試**：

1. 在一個空的未加壓的潛水氧氣筒中，內容量是 0.01 立方公尺，請問筒內的空氣質量是幾公斤？
2. 在一個內容量是 0.01 立方公尺的潛水氧氣筒中，將空氣加壓，使筒內的空氣密度達到 240 公斤／立方公尺，請問此時筒內的空氣質量是幾公斤？

■ **來對答案**：

1. 潛水氧氣筒中的空氣密度是 1.25 公斤／立方公尺。這些空氣的質量便是把這密度乘以潛水氧氣筒的體積：

$$\frac{1.25\text{ 公斤}}{\text{立方公尺}} \times 0.01\text{ 立方公尺} = 0.0125\text{ 公斤}$$

2. 空氣的質量是把空氣的密度乘以潛水氧氣筒的體積：

$$\frac{240\text{ 公斤}}{\text{立方公尺}} \times 0.01\text{ 立方公尺} = 2.4\text{ 公斤}$$

生活實驗室：大氣把易開罐壓扁了

當水蒸氣在一個密閉的容器中凝結，容器中的壓力會降低，使容器外的大氣壓能夠把容器壓扁。在這個實驗中，你會看到鋁製的汽水易開罐內，如何因爲水蒸氣凝結而被大氣壓扁。

■ 請先準備：

水、鋁製易開罐、平底深鍋、夾子。

■ 安全守則：

戴上安全護眼鏡，並且避免碰觸實驗中產生的熱蒸氣（被蒸氣燙到可不是好玩的）。

■ 請這樣做：

1. 在平底深鍋加入一般室溫的水，先放在一旁。
2. 把一湯匙的水放入易開罐內，然後將易開罐放在爐子上加熱，直到有蒸氣跑出來。當你看到蒸氣，表示罐內的空氣被逼出來，由水蒸氣取代了。
3. 迅速用夾子夾起易開罐，並翻轉過來（使開口朝下），浸入平底深鍋的水中（要恰好讓易開罐的開口埋在水下）。嘎吱！易開罐瞬間被大氣壓力給壓扁了！這是什麼原因呢？

生活實驗室觀念解析

當水蒸氣分子與平底深鍋裡的室溫水接觸時，它們會凝結，使易開罐內的壓力變得很低。相較之下，周圍的大氣壓要大得多，因而把易開罐壓扁。因此，在這個實驗中我們看到水蒸氣凝結後，如何使氣壓驟然下降：這是因爲液態水所占的體積，比等量的水蒸氣所占的體積小很多。當水蒸氣分子聚集成液體的水，將留下一片眞空（低氣壓）。這個實驗也顯示我們周圍的大氣壓可是確實存在的，而且非同小可。

觀念檢驗站

Q 地球的重力對大氣層有什麼影響？

你答對了嗎？

A 地球的重力會把大氣層中的氣體分子向下拉，以免它們向外太空逃散。

17.2 空氣汙染無所不在

大氣層中任何有害健康的物質，都可以算是空氣汙染物。空氣汙染物的主要來源之一是火山爆發。例如，1991 年菲律賓平納土波山爆發，噴出了二千萬噸的二氧化硫毒氣。如圖 17.3 所示，這些二氧化硫在短短四天內，就一路飄散到印度。

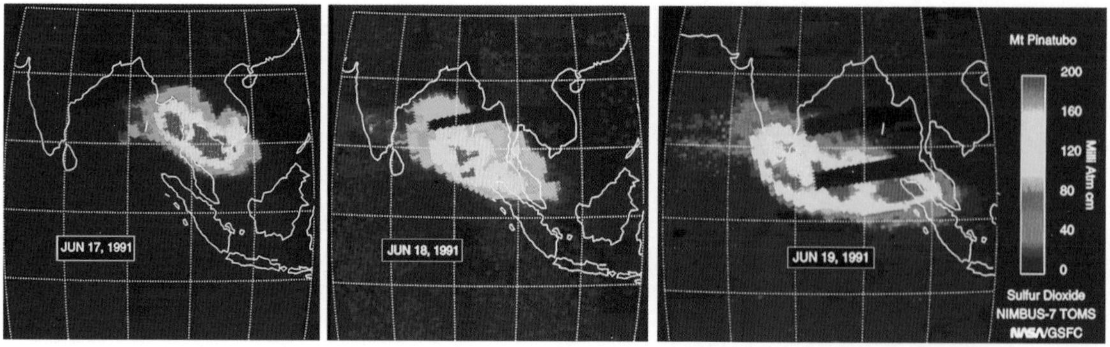

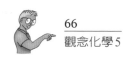

圖17.3
1991年6月15日菲律賓平納土波山爆發，產生的二氧化硫雲團在四天後即抵達印度。到了7月27日，二氧化硫應該已經傳遍全球（圖中的黑帶區是衛星資料缺失的部分）。

不過，在許多方面，人類活動已經超越火山，成為更大的空氣汙染來源。例如，光是在美國，自從 1950 年以來，工業及其他活動每年都排放約二千萬噸的二氧化硫到空氣中！根據一項估計，進入大氣層的硫，有 70% 都是人類活動的「貢獻」。

為了杜絕人造的空氣汙染物，美國政府在 1970 年通過空氣清淨法案（Clean Air Act），用以管制各種工業的廢氣排放。在 1977 年的修正案中，增加對汽車排放廢氣的嚴格限制；最近一次的修正是在 1990 年頒布，原來的空氣清淨法案全面翻修，將包括氣懸膠、微粒及煙霧組成物的各種汙染物排放，都列入管制內。

氣懸膠和微粒助長汙染物的化學反應

灰燼、煤煙、金屬氧化物，甚至海鹽等這些在空中移動的固體粒子，在空氣汙染問題上扮演重要角色。直徑高達 0.01 毫米的顆粒（小到肉眼看不見），會吸引水滴，形成**氣懸膠**，看起來就像煙或霧的景象。氣懸膠粒子在大氣層中可以懸浮一段較長的時間，並且成為許多汙染物發生化學反應的場所，如圖 17.4 所示。

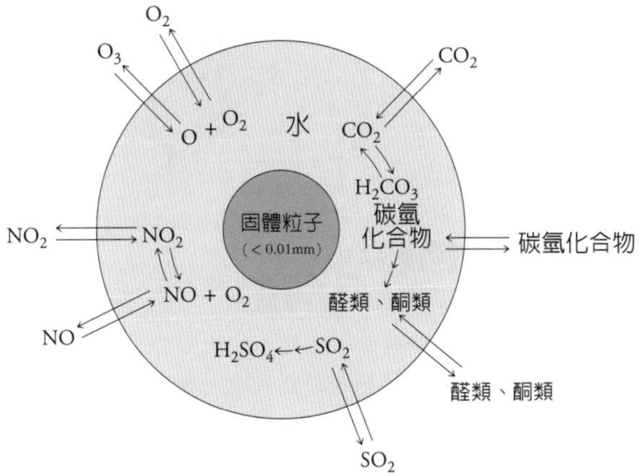

圖 17.4
氣懸膠粒子是許多汙染物進行化學反應的場所。這些顆粒外圍的水分會吸引空氣中的分子，使它們在釋回大氣之前，迅速在有水的環境下進行反應。

較大的固體粒子叫做**微粒**，它們似乎比形成氣懸膠的粒子還容易沉降到地面上，因此比較不會是促使大氣進行化學反應的主角。不過當它們飄浮在空中時，會遮蔽光線，使可見度降低。大氣中的微粒（和氣懸膠）也有降低地球溫度的效應，因為它們會將部分陽光反射回外太空。

工業上可以使用各種技術，來削減固體粒子的排放。物理的方式包括過濾法、離心分離法、洗滌法等。圖 17.5 顯示，洗滌法會把氣體排放物與水一起噴出去。另一種方法是靜電集塵法，如圖 17.6 所示，這種方法需要消耗很多能量，但是移除粒子的效果可超過 98%。

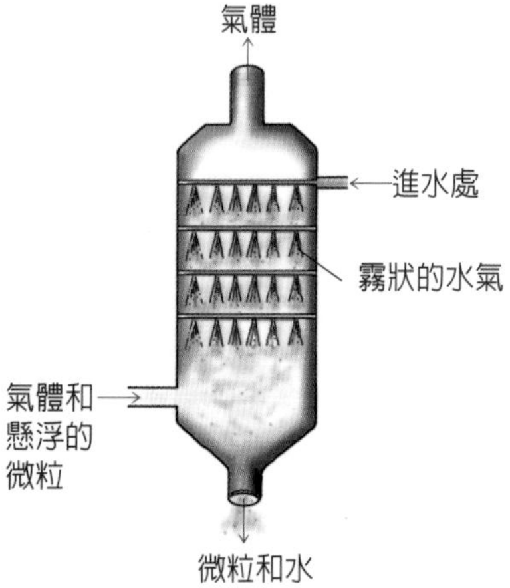

圖 17.5
在洗滌工業產生的氣體排放物時，霧狀的水氣會捕捉並移除直徑 0.001 毫米的固體粒子。

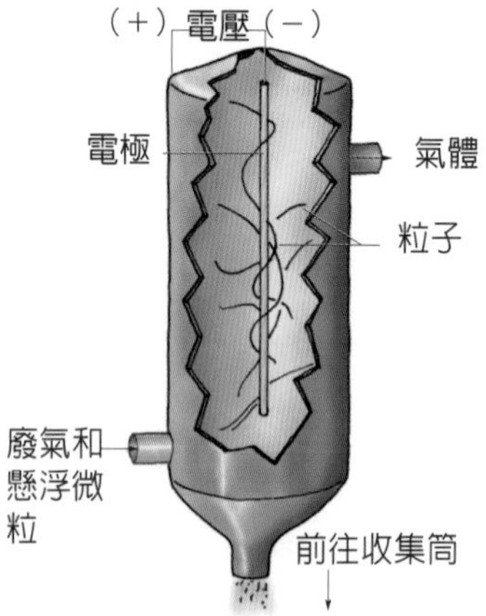

圖 17.6
廢氣裡的粒子在電極中會成為帶負電的東西，而被靜電集塵器帶正電的內壁吸引。一旦粒子接觸到內壁，它就會失去電荷，掉入收集筒中。

煙霧有兩種

「煙霧」一詞首次出現在 1911 年，用來形容當時一場降臨在倫敦市的毒氣之災，那是混合了煙、霧及其他氣體的有害物質，造成 1150 人中毒喪生。此後，煙霧逐漸變成一個嚴重的問題，尤其在都會地區，因爲那是工業與人類活動聚集的地方。

天氣在煙霧的形成上扮演重要的角色。在正常情形下，受地表加熱的空氣會上升到對流層的較上端，這裡通常是汙染物消散的地方，如圖 17.7a所示。

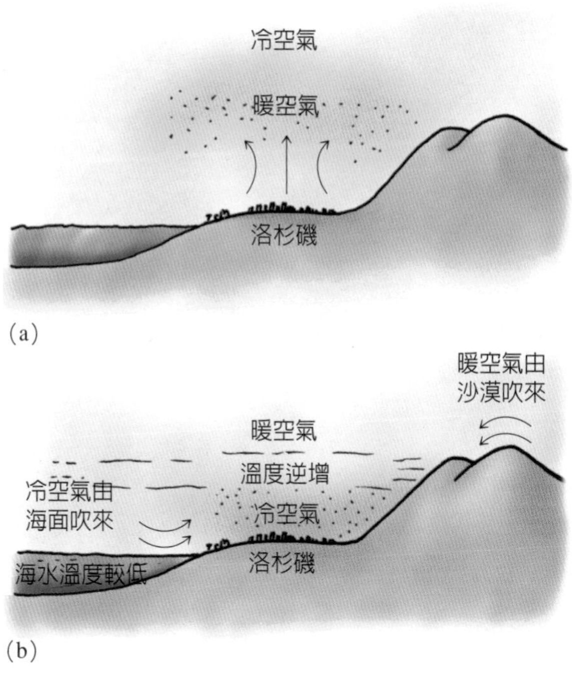

圖 17.7
(a) 煙霧藉由上升的暖空氣帶走。(b) 在逆溫現象中，當冷空氣坐落在暖空氣之下，將使煙霧受困，無法消散。(正常的情形是冷空氣位在暖空氣之上。)

不過，有時候一團密集的冷空氣在逆溫（temperature inversion）效應中，沉降在熱空氣之下，如上頁圖 17.7b 所示，會導致空氣停滯不動，讓汙染物有機會累積。任何地方都可能產生逆溫效應，只不過有些地方的地理環境比其他地方容易出現溫度逆增。好比說洛杉磯，當低空的冷空氣從海面向東吹來，恰被一層從莫哈維沙漠向西移動的熱空氣覆蓋，將會使洛杉磯的煙霧因爲逆溫效應而受困，無法消散。溫度逆增的情形到了夜晚就會消退，因爲位在較高處的空氣，冷卻得比貼近溫暖地表的低處空氣還快。這是許多都會地區的上空在清晨時煙霧比傍晚少的原因之一。

觀念檢驗站

Q　爲何逆溫現象在白天比在夜晚還常見？

你答對了嗎？

A　逆溫現象是發生在當一團暖空氣坐在一團冷空氣上方時。暖空氣是由太陽的熱能產生，而太陽只在白天出現。

煙霧一般可分爲兩種：工業煙霧及光化學煙霧。**工業煙霧**主要來自煤炭與汽油的燃燒產物，裡面含有許多微粒。工業煙霧主要的化學成分是二氧化硫，這種化合物會聚積在氣懸膠表面的水分中，進而被轉化成硫酸：

$$2\,SO_2 + 2\,O_2 \rightarrow 2\,SO_3$$

二氧化硫　氧　三氧化硫

$$SO_3 + H_2O \rightarrow H_2SO_4$$

三氧化硫　水　硫酸

一旦吸入這種含有硫酸的氣懸膠，即使濃度很低，也會造成嚴重的呼吸問題。如《觀念化學 3》第 10.4 節所討論的，空氣中的硫酸也是造成酸雨的主要原因。

儘管許多工業的硫排放物仍然超出聯邦政府規定的標準，不過自從 1970 年的空氣清淨法案通過，加上後續的修正案，工業製造煙霧的程度已顯著下滑。然而，未來想要維持低程度的二氧化硫排放，恐怕會愈來愈困難，因爲全美的經濟活動及全球的人口都持續成長中。

構成**光化學煙霧**的汙染物，會直接或間接參與太陽激發的化學反應。這些汙染物的成分主要是一氧化氮、臭氧、碳氫化合物，它們的來源大多是內燃機。在內燃機的燃燒室中，氧氣與氣化的碳氫化合物相混後會產生熱能，使氣體膨脹，驅動活塞的動力衝程。此外，大氣中的氮也會出現在內燃機，在高溫的情況下，氮與氧會形成一氧化氮：

$$\text{熱能} + N_2 + O_2 \rightarrow 2\,NO$$

一氧化氮是很容易發生反應的東西。一旦它從內燃機釋出，將迅速與大氣中的氧形成二氧化氮：

$$2\,NO + O_2 \rightarrow 2\,NO_2$$

二氧化氮是一種很強的腐蝕劑，會損害金屬、石頭，甚至人體組織。這種棕色的化合物正是許多有空氣汙染的城市上空，會出現棕色薄霧的原因。

陽光會促使二氧化氮轉變成硝酸，它和硫酸都是酸雨的主要成分。在氣懸膠中，陽光先把二氧化氮分解成一氧化氮和氧原子：

$$\text{陽光} + NO_2 \rightarrow NO + O$$

一氧化氮再與大氣中的氧氣重新合成二氧化氮，氧原子則與大氣中的氧氣形成臭氧：

$$O + O_2 \rightarrow O_3$$

臭氧是一種難聞的汙染物，它會使眼睛不舒服，在濃度高時，還會致命。即使在濃度很低的臭氧環境中，也可能導致植物死亡。此外，臭氧還會使橡膠硬化，而變得質地脆弱。為了保護輪胎免於臭氧的損害，製造者會在橡膠材料中摻入石蠟成分，石蠟容易與臭氧反應，可以使橡膠不必接觸到臭氧。在第 17.3 節我們將看到，臭氧可以幫助地球濾除日光中 95% 的紫外線。因此，地表上的臭氧雖然是有害的汙染物，但是在距離地表約 25 公里的高空處，臭氧是一層紫外線的濾網，保護著地球上所有生物的生命與健康。

圖 17.8 顯示一氧化氮、二氧化氮，和臭氧在都會地區的平均濃度，你可以看到其中一種汙染物的形成，與其他兩種汙染物的形成有什麼關聯。在早上的交通巔峰期，一氧化氮濃度會迅速上升，到了上午十點左右，大多數的一氧化氮已經轉變成二氧化氮。在陽光很強的晴天，二氧化氮的形成又使臭氧濃度上升到最高點。在沒有逆增溫的情況下，傍晚的風將把這些汙染物掃散掉。經過一夜的沉寂，第二天早上這種循環又展開。

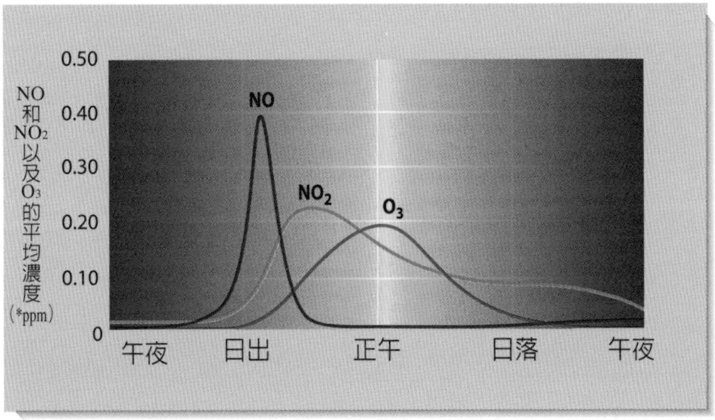

*ppm 是指濃度爲百萬分之一

圖 17.8
在洛杉磯所偵測到的一氧化氮（NO）、二氧化氮（NO_2）及臭氧（O_3）的平均濃度。

光化學煙霧中的另一類組成物是碳氫化合物，這是汽油裡的主要成分。在有臭氧的地方，空氣中的碳氫化合物將被轉化成醛類和酮類，這些化合物會增添煙霧的臭味。所幸，汽油燃燒並不完全會釋放出多環芳香族碳氫化合物（polycyclic aromatic hydrocarbon），這是

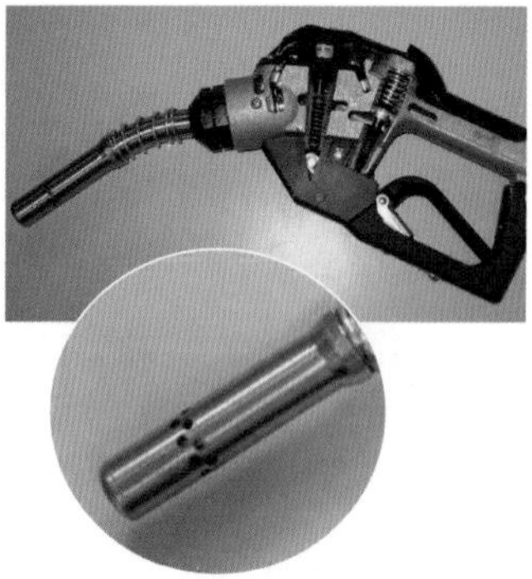

圖17.9
真空輔助式的油氣回收系統，利用加油槍噴嘴上的油氣回收孔，使揮發汽油無法逃散到大氣中，而是經由埋藏在噴嘴裡的另一條油管導回加油站的大油箱中。

一種致癌物。不過，每當你給汽車加油時，也會釋出大量的碳氫化合物，因爲汽油是一種揮發性的液體，密閉汽油箱裡不管有多少空氣存在，都將飽含揮發的汽油，即使汽油箱快要空了。每當你加滿油時，這些重約 10 公克的揮發汽油會跑出油箱，直接散入大氣中。因此，現在較新的加油槍有一種特殊的噴嘴，如圖 17.9 所示，可以捕捉這些揮發的汽油。

觀念檢驗站

Q 太陽如何幫助空氣汙染物消散？

你答對了嗎？

A 陽光會使地表增溫，導致接近地表的空氣也受熱成爲暖空氣，暖空氣會往上升，順便將許多空氣汙染物帶走。

觸媒轉化器可以減少汽機車的廢氣排放

爲了減少光化學煙霧的產生，美國空氣清淨法在修正案中要求每一台汽車的排氣系統都要安裝觸媒轉化器（catalytic converter）。我們曾在《觀念化學 3》的第 9.4 節中提過，觸媒（催化劑）是一種加速化學反應、卻不會在反應中耗損的東西。在理想的情況下，汽油完全燃燒後，只會產生二氧化碳和水蒸氣；較不理想的狀況則是未燃燒完全的碳氫化合物及有毒的一氧化碳被釋出。含有這些成分的高溫引擎排放廢氣，會通過觸媒轉化器，使引擎中未發生的反應，在此藉由催化劑促使反應發生（觸媒轉化器使用的催化劑通常是白金、鈀、或銠。目前，觸媒轉化器的製造是這些珍貴及半珍貴金屬最主要的商業用途）。如第 9.4 節中所述，觸媒轉化器裡的催化劑也會減少一氧化氮的釋放，因爲它會將一氧化氮轉變成大氣中的氮氣和氧氣。

事實上，催化作用不一定要侷限於排放系統。目前已經有一種新型的設計，是在汽車引擎的冷卻器塗上一層普通金屬催化劑。如此一來，可以把臭氧「吃掉」（臭氧是煙霧中的主要成分之一），將汽車轉變成清淨空氣的工具。

17.3 臭氧層：地球的防護罩

臭氧來自汽機車排放的廢氣，是都市中的一大汙染物，但是平流層也會自然形成臭氧。在海拔 20 到 30 公里處，高能的紫外線將氧氣分解爲兩個氧原子，這些氧原子遇到氧氣則會變成臭氧：

$$O_2 + \text{紫外線} \rightarrow 2\,O$$

$$2\,O + 2\,O_2 \rightarrow 2\,O_3$$

$$\text{淨反應}\quad 3\,O_2 + \text{紫外線} \rightarrow 2\,O_3$$

臭氧的形成對地球上的生命有很大的好處，因爲要是讓陽光中的紫外線直接抵達地表，將立刻對生物組織造成傷害。臭氧吸收紫外線輻射後，會分裂成氧氣與氧原子，而這些分子可以再度形成臭氧。當臭氧重新形成時，會產生化學鍵，同時將熱能釋出：

$$
\begin{aligned}
&O_3 + \text{紫外線} \rightarrow O_2 + O \\
&O_2 + O \rightarrow O_3 + \text{熱能} \\
\hline
\text{淨反應}\ &O_3 + \text{紫外線} \rightarrow O_3 + \text{熱能}
\end{aligned}
$$

因此，對生物有害的紫外線會被臭氧轉化成平流層的輕微增溫，這個問題比較不嚴重。但值得注意的是，臭氧並未在這種轉化過程中消失，這表示它會繼續恆常的爲地表遮蔽紫外線的輻射。

平流層的臭氧濃度相當低。如果那裡所有的臭氧都受到大氣壓力的壓縮，那麼臭氧層的厚度將只有 3 毫米，而不是 10 公里！儘管如此，這個臭氧層卻可以吸收陽光中 95% 以上的紫外線輻射，眞不愧是地球的防護罩！

觀念檢驗站

Q　平流層中的臭氧和空氣汙染物的臭氧，兩者的化學結構有沒有什麼不同之處？

你答對了嗎？

A　絕對沒有。不管是在哪裡出現的，臭氧都是由三個氧原子構成的分子。

在 1970 年代初期，麻省理工學院的莫里納（Mario Molina, 1943-）、加州大學爾灣分校的羅藍得（Sherwood Rowland, 1927-2012），以及德國蒲郎克研究院的克魯琛（Paul J. Crutzen, 1933-）三人發現，氟氯碳這種化合物（CFCs）可能對平流層的臭氧造成威脅（三人因爲此項發現在 1995 年獲頒諾貝爾化學獎）。因爲氟氯碳這類化合物屬於惰性氣體，它們一度是冷氣機的冷媒和噴霧罐裡常見的成分。圖 17.10 顯示兩種最常被使用的氟氯碳化合物。

有人估計，依照氟氯碳化合物的穩定性來看，它們可以在大氣層中停留 80 到 120 年的時間，現在大氣層中到處都有氟氯碳的蹤跡。即使在最偏遠的地區，你所呼吸的每公升氣體中，就有不下 25 兆個氟氯碳分子！莫里納、羅藍得和克魯採三人發現，來到平流層的氟氯碳化合物，會被強烈的紫外線裂解成較小的分子碎片，如圖 17.11 所示。

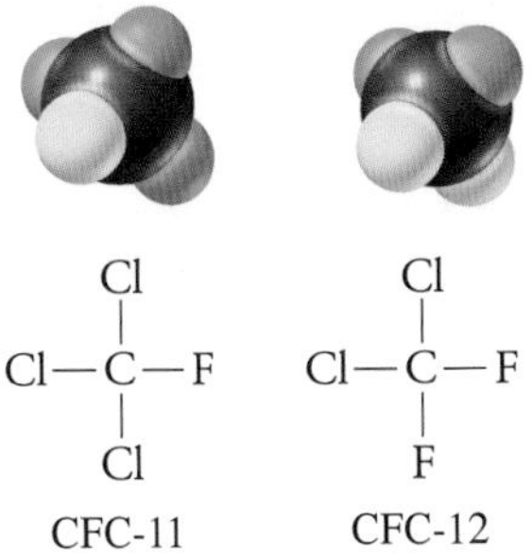

圖 17.10
CFC-11（一氟三氯甲烷）和 CFC-12（二氟二氯甲烷）是兩種最常見的氟氯碳化合物，也有人稱它們為氟氯昂（freon）。1988 年，當氟氯碳被大量製造時，全球的產量大約是 113 萬噸。這些氟氯碳化合物具有惰性氣體的特性，使它們一度被認為對環境沒什麼威脅。

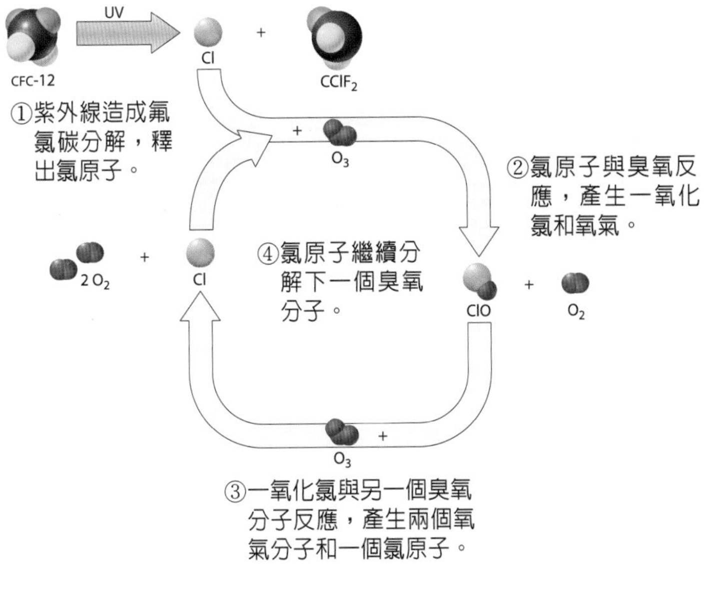
CFC-12
UV
Cl
+
CClF2
①紫外線造成氟氯碳分解，釋出氯原子。
+
O3
②氯原子與臭氧反應，產生一氧化氯和氧氣。
2 O2
+
Cl
④氯原子繼續分解下一個臭氧分子。
ClO
+
O2
+
O3
③一氧化氯與另一個臭氧分子反應，產生兩個氧氣分子和一個氯原子。

圖 17.11
圖示氟氯碳化合物破壞平流層臭氧的途徑。

當氟氯碳化合物在平流層中被強烈的紫外線裂解，產生的其中一個小碎片是氯原子，它會催化臭氧的分解。據估計，一個氯原子還來不及形成氯化氫分子（HCl），並隨著大氣中的水氣消散以前，可以在一至二年內造成至少 100,000 個臭氧分子的分裂。

1985 年，當科學家發現南極大陸上空的平流層臭氧出現季節性的耗損，造成所謂的「臭氧層破洞」，才使全球人士注意到平流層臭氧的脆弱。科學家測量了這個地區的一氧化氯濃度，就瞭解到氯原子在破壞南極上空的臭氧層中，所扮演的活躍角色（如圖 17.12 所示）。

圖17.12
在南半球不同緯度間的平流層臭氧濃度和一氧化氯濃度的相關圖。我們可以看到，當一氧化氯濃度上升時，臭氧濃度則下降。標示黃色的區域顯示，一氧化氯濃度的小波動，會導致臭氧濃度的大變動。這種現象正符合催化反應的特性。

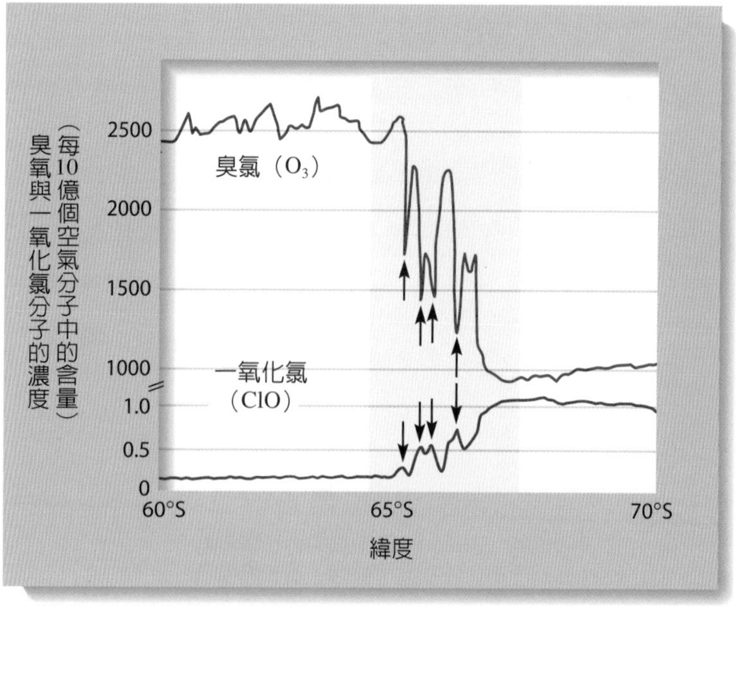

如圖 17.11 顯示，一氧化氯是一個中間物，出現在以氯爲催化劑來分解臭氧的過程中。而圖 17.12 所顯示的，則是在飛越南極上空時蒐集到的數據，我們可以看到在平流層的一氧化氯濃度和臭氧濃度，兩者之間密切的相關性。而從圖 17.13 的衛星照片可以看出，臭氧層破洞的形狀與一氧化氯的分布圖形是一致的。

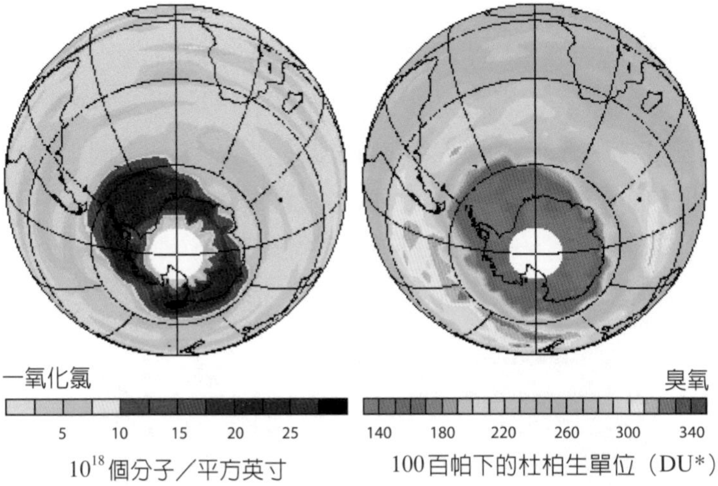
一氧化氯
臭氧
5 10 15 20 25
140 180 220 260 300 340
10^{18}個分子／平方英寸
100百帕下的杜柏生單位（DU*）

*編注：DU（Dobson Unit）是表示臭氧層厚度的單位。0℃，一大氣壓下，厚0.01毫米的臭氧層爲1 DU，約等於2.7×10^{16}個分子／平方公分。

圖 17.13
南半球的衛星照片顯示，一氧化氯的分布情形與臭氧層破洞的形狀相符合，拍攝時間是 1996 年 9 月。

後續的研究顯示，冰冷、死寂、黑暗的南極冬天有助於平流層冰晶的形成，空氣中含氯原子的化合物則會聚集在冰晶上。冰晶表面與內部的化學反應，將導致氯氣的形成。當九月份來臨時，這是南極春天的開始，陽光重返南極，會把氯氣分裂成許多會破壞臭氧的氯原子：

$$Cl_2 + \text{陽光} \rightarrow 2\,Cl$$

不過其中有些氯原子來自氟氯碳化合物的分裂，重要的證據之一，是科學家在南極的平流層中偵測到濃度異常高的氟化物。我們知道氯化物有幾種天然的來源，但自然界中，卻絕少出現氟化物。因此，在平流層出現的這些氟化物，最有可能源自氟氯碳化合物。除了上升的氟濃度外，還有證據指出北半球的極地和中緯度一帶也出現臭氧層破洞（見圖 17.14），在在彰顯此問題的嚴重性。

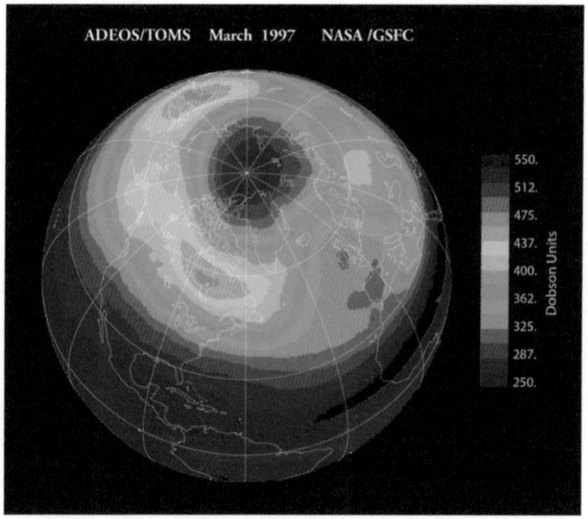

圖 17.14
這是北半球上空的臭氧濃度的假色圖，由美國航太總署的臭氧層光譜儀（TOMS）所記錄。紫色和藍色區域是臭氧耗損的地方；由綠色到紅色的區域則是臭氧濃度超過正常值的地帶。

爲了禁用破壞臭氧層的化學物品，國際間出現空前的合作情形。第一步重大的行動是在 1987 年由許多國家共同簽署的蒙特婁議定書，呼籲各國必須在 1998 年，把氟氯碳化合物的產量減到 1986 年產量的一半。然而，此議定書才通過沒幾年，科學家在 1990 年便宣告，氟氯碳的問題比 1987 年草擬議定書時的情形還嚴重許多。因此很快的，蒙特婁議定書修定成呼籲各國到 1996 年時，要停止生產所有的氟氯碳化合物。如今雖然有了議定書，簽署國也保持合作中，但是氟氯碳化合物對臭氧層的破壞，仍然會持續一段時間。在二十二世紀來臨以前，大氣中的氟氯碳濃度是不太可能降回臭氧層出現破洞前的濃度。

17.4 空氣汙染與全球增溫

把你的汽車停在大太陽下，並且關上車窗，車內很快就會熱得像烤箱。溫室裡的情形也頗類似烤箱，這是因爲可見光可以穿透玻璃，紅外線卻不能，請見下頁圖 17.15。你也許還記得曾經在《觀念化學 2》第 5 章學到，可見光的波長比紅外線的波長短。可見光的波長是從 400 奈米到 740 奈米，而紅外線的波長則從 740 奈米到一百萬奈米。日光中的短波長可見光在進入你的汽車或溫室後，將被各種東西吸收，例如座椅、植物、土壤等等。這些吸收日光而變熱的東西會釋出紅外線，由於紅外線無法穿透玻璃逃逸，因此它的能量會在汽車或溫室中累積，使車內或溫室內的溫度增高。

地球大氣層也有類似的效應，它就像玻璃一樣，太陽中的可見光能夠穿透。當地表吸收這些能量後，會輻射出紅外線。大氣中的

二氧化碳、水蒸氣、及其他某些氣體都會吸收紅外線，並再度釋回地表，如圖 17.16 所示。這個過程就是所謂的「**溫室效應**」，能使地球保持溫暖。地球很需要溫室效應來保溫，否則地球的平均溫度將降到冰冷的零下 18℃。金星也有溫室效應，但程度遠比地球來得劇烈。金星的大氣層比地球的大氣層厚許多，且裡面的組成物有 95% 是二氧化碳，使金星表面的溫度高達 450℃。

來自太陽的短波長可見光穿透玻璃
進入溫室。
長波長的紅外線輻
射無法穿透玻璃而
去，因此被困在溫
室內。

圖 17.15
玻璃彷彿是單向的活門，只允許可見光穿透，卻無法讓紅外線逃逸。

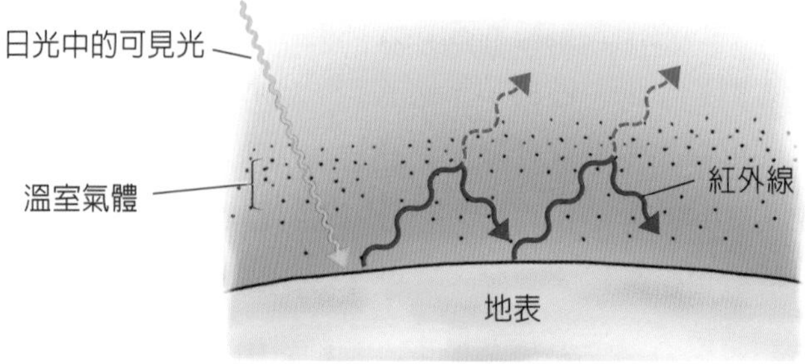
日光中的可見光
溫室氣體
紅外線
地表

圖 17.16
圖示地球大氣層中的溫室效應。日光中的可見光被地表吸收後，再以紅外線輻射出來。大氣中的二氧化碳、水蒸氣、及其他溫室氣體會吸收並且再釋出紅外線，否則這些熱能將從地表直接輻射到外太空。

觀念檢驗站

Q

當我們說溫室效應猶如一道單向的活門，這是什麼意思？

你答對了嗎？

A

地球的大氣層如同玻璃，可以讓日光中的可見光穿透進去，但卻無法讓紅外線從裡面釋放出來，使紅外線輻射能被困住。

大氣中的二氧化碳是一種溫室氣體

二氧化碳在溫室效應中所扮演的角色，已有許多文獻記載。例如，從極地冰床的冰芯採樣中顯示，過去十六萬年來，大氣中二氧化碳的濃度和全球溫度的變化有密切的關連。下頁圖 17.17 顯示出這種關連。被困在冰芯中的氣泡，含有遠古時期的空氣，科學家可以直接採樣研究。採樣的空氣年齡是冰芯深度的函數；測量受困空氣中的氘／氫比值，則可以推測過去的地球溫度。當全球溫度很高時，海水的溫度也較高，有較多含氘的海水從海面蒸發，並降落成雪。因此，高的氘／氫比值表示當時屬於較溫暖的氣候。

有明顯的證據指出，近來人類的活動，例如燃燒化石燃料及砍伐森林，已使大氣中的二氧化碳濃度急遽上升。在工業革命之前，二氧化碳的濃度維持在相當穩定的數值，大約是 280 ppm，如第85頁圖 17.18 所示。不過到了 1800 年代，二氧化碳濃度開始攀升，如第86頁圖 17.19 所示，並在 1910 年前後，達到 300 ppm的濃度。如今，大氣中的二氧化碳濃度已經到達令人擔憂的 400 ppm！有趣的是，在可以追溯到距今十六萬年前的冰塊採樣中，未曾顯示二氧化碳濃度曾經超過 300 ppm。此外，跟隨著二氧化碳濃度上升的是全球的平均溫度，自從 1860 年以來，全球均溫已上升 1.4℃左右。目前的估計是，當大氣中二氧化碳濃度增加到目前的兩倍，將使全球平均溫度升高 1.5 到 2.5℃。

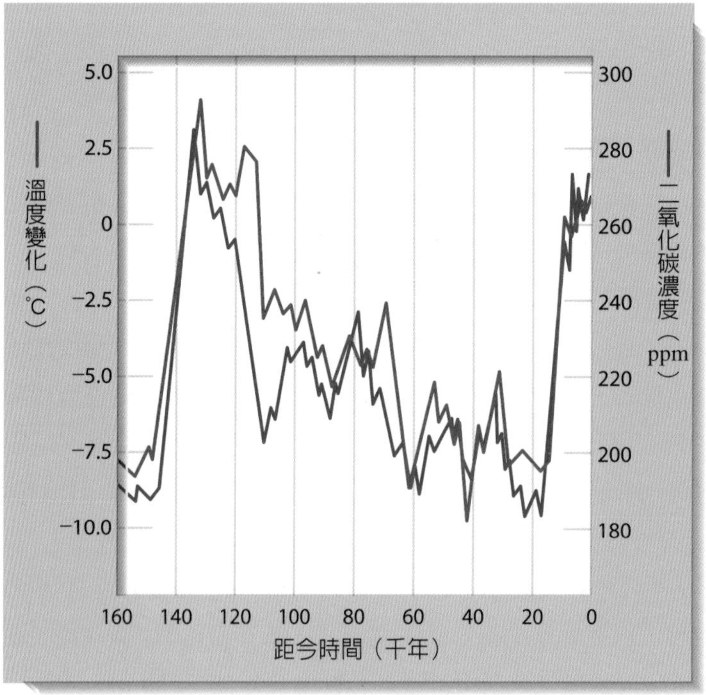

圖 17.17
大氣中的二氧化碳濃度與全球溫度似乎有密切的關連。

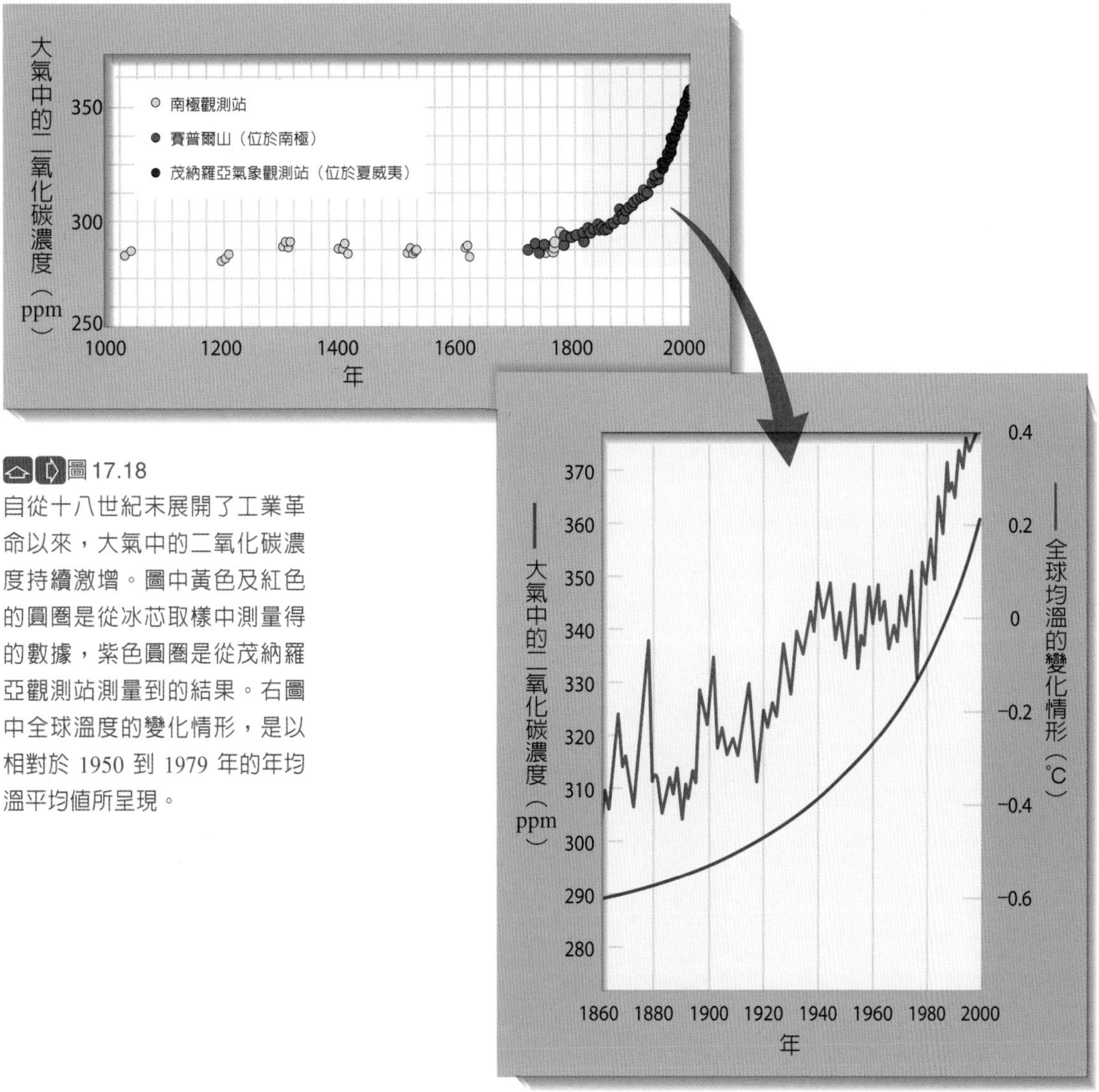

圖 17.18
自從十八世紀末展開了工業革命以來，大氣中的二氧化碳濃度持續激增。圖中黃色及紅色的圓圈是從冰芯取樣中測量得的數據，紫色圓圈是從茂納羅亞觀測站測量到的結果。右圖中全球溫度的變化情形，是以相對於 1950 到 1979 年的年均溫平均值所呈現。

二氧化碳在人類活動所釋出的氣體中，含量排名第一。當我們談到大氣中的汙染物，例如二氧化硫，我們是以幾百萬噸爲單位來估算；然而說到我們排放到大氣中的二氧化碳，則要以十億噸爲單位來計量，如圖 17.19 所示。當我們把汽車油箱裡的汽油全耗盡，可以產生 90 公斤的二氧化碳。一架噴射機從紐約飛到洛杉磯，會釋出超過 200,000 公斤的二氧化碳。更要緊的是，世界人口每天增加 236,000 人，相當於每年八千六百萬人。在 2012 年，全球人口已經到達七十億的新紀錄，而其中每個人對於二氧化碳釋出的活動都參與了一份。

當科學家在 1958 年開始直接觀測大氣中的二氧化碳時，全球大氣中的二氧化碳含量是將近 6,710 億噸，這是根據當時測量到的二氧

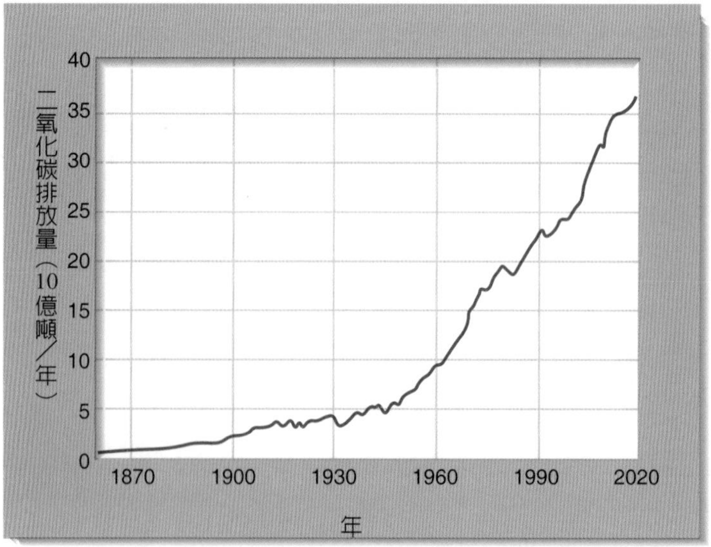

圖 17.19
自從 1860 年以來，燃燒化石燃料所釋出的二氧化碳量急遽增加。

化碳濃度 315 ppm 所計算出來的數字。到了 2018 年，大氣中的二氧化碳含量增加到 8,670 億噸。把兩數相減，我們可以得知全球大氣的二氧化碳含量在六十年間增加了 1,960 億噸。

在這段期間，光是燃燒化石燃料所釋出的二氧化碳就高達 13,300 億噸。我們可以從這些數據資料感受到自然界吸收二氧化碳的能力，因為即使我們排放出 13,300 億噸的二氧化碳，大氣中的二氧化碳總量卻只有增加 1,960 億噸。由實驗模型顯示，其間大多數的差額都被海洋吸收了。就如我們在第 10.4 節所說的，由於海水是鹼性的，因此可以吸收二氧化碳。此外，植物也能夠吸收二氧化碳，用以進行光合作用。因此，曾有人指出當樹木暴露在濃度較高的二氧化碳中時，會長得比較快。

大氣中的二氧化碳含量上升了 1,960 億噸，告訴我們一個事實：我們正在超越自然界的吸收能力。要知道，1,960 占 8,670 的 23% 左右。換句話說，當你做一個深呼吸時，你吸入的二氧化碳中至少有 23% 是來自燃燒化石燃料及砍伐森林。

中國的二氧化碳排放量為全球之冠，占 28%；美國為全球第二，占 14%；第三名是印度，占了約 7%。世界各地的工業國家所排出的二氧化碳大約占全球的 37%，其中主要來自化石燃料的燃燒。開發中國家所排出的二氧化碳大約占全球的 63%，它們排放的二氧化碳有兩個來源：燃燒化石燃料以及砍伐森林。

砍伐森林對大氣資源帶來多重的威脅。如果砍樹是為了把木材當燃料，而不是當建材，那麼燃燒木頭會釋出大量的二氧化碳到大氣中。而且，無論是用作燃料或是當建材，砍伐森林會破壞二氧化碳的吸收。再者，熱帶森林能夠蒸發大量的水蒸氣，促使雲層的形成；雲層能反射日光使當地保持涼爽，並能以降雨來濕潤大地。因此，農夫焚燒雨林開闢爲農地，等於同時截斷未來的雨水供應；當他們的農地愈來愈乾旱，就得被迫焚燒更多的雨林，來爭取農地。到目前爲止，全球已有 65% 的雨林遭到破壞；若按照這種速率繼續下去，只要再過幾十年，剩餘的雨林將無法維持地區性的氣候，這將使南美洲、非洲及印尼等地迅速發展的社群（約有十億以上的人口），成爲一片乾枯的不毛之地。

在未來的數十年中，只要開發中國家的經濟與人口持續成長，他們排放的二氧化碳及其他空氣汙染物將可能超越目前的工業國家。不過在第 19 章，我們將討論到目前已有一些省能新科技問世，或許這些新科技能有效減少二氧化碳等氣體的排放。最好的情況是，開發中國家既能引進這些新技術，又能同時兼顧他們所需要的經濟成長。

我們還不清楚全球增溫的潛在效應

目前，大家普遍的共識是，大氣中的二氧化碳及其他溫室氣體濃度的上升，將導致全球增溫。不過，究竟會使溫度提高多少，沒有人確知，就像溫度上升後可能帶來的影響，也沒有人說得準。這種不確定性是因爲有很多變數會影響全球的氣候狀況，好比說，太陽的強度就不時的在改變；海洋吸收及分散溫室熱能的能力也是不斷在變。其他的變因還有雲層、大氣灰塵、氣懸膠以及冰床等帶來的冷卻效果，因爲它們都能反射進入大氣層的太陽輻射。

有許多機制可以舒緩甚至逆轉全球增溫。例如，我們可能低估海洋及植物吸收二氧化碳的能力。大氣中的二氧化碳濃度提高，可能只是意味著海洋中有更多的二氧化碳，同時植物會生長得更旺盛。再者，全球溫度變暖，可能表示全球各地的雲量增多，極地的降雪增加；這兩種作用都會增加太陽能的反射，幫助地球降溫。萬一雲量與降雪量變得異常的多，那麼持續反射太陽能的結果，甚至可能引發下一個冰河時期。

另外，有些機制則可能促進全球增溫。海水的溫度上升後，可能降低它吸收二氧化碳的能力，因爲水中二氧化碳的溶解度會隨著溫度的上升而遞減。此外，迅速的氣候變化可能破壞大片的森林及植被，表示這些吸收二氧化碳的寶庫不復存在。不過換個角度來看，更茂盛的植物生長，未必如我們想像的那樣會對大氣層有利，因爲，雖然植物會吸收二氧化碳，它們也會釋出其他的溫室氣體，例如甲烷。全球溫度上升也可能增加土壤微生物的活動。在乾燥的土壤中，微生物分解有機質會產生大量的二氧化碳；在潮濕的土壤中，微生物分解有機質則會釋出甲烷。再者，封鎖在北極永凍層中的大量甲烷，也可能在全球增溫的效應中釋出。如圖 17.20 所示，我們眞的不知道全球增溫會把地球的命運帶往何方。

圖 17.20
溫室氣體持續在排放中，而我們仍不知道地球究竟會走向哪一種極端的天氣。或許是沙漠，也可能是冰原。

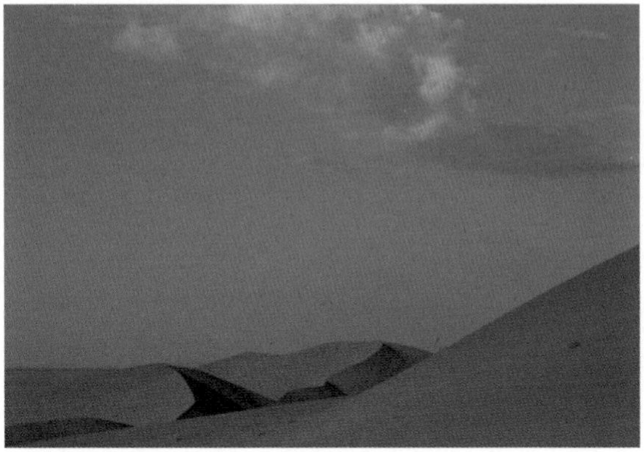

當全球平均溫度增加幾度後，世界各地的感受將不盡然相同。有些地方可能出現較大的溫度變動，而有些地方則不會。好比說，在紐約，氣溫高出 32℃ 的日子會加倍，但洛杉磯則保持不變。極地溫度上升到 0℃ 的天數可能會加倍或變三倍，造成冰河及冰床融化。融化的冰與受熱膨脹的海水合併起來，將導致海平面上升。因此，許多氣候學家預測，未來的 50 到 100 年間，全球溫度上升幾度後，可能使海平面上升 1 公尺，這個結果足以淹沒許多沿海地區，迫使上百萬居民必須遷移他處。

全球平均溫度的小改變也會影響天氣的模式。例如，現在我們已知在聖嬰期間，赤道地區的東太平洋海水變暖，會影響全球各地的天氣模式。如果未來整個地球溫度還要增加幾度，將帶來更大的衝擊：包括現在肥沃的農地可能變貧脊、貧脊的農田可能變肥沃。我們已經有一個現成的例子，過去幾十年來，全球平均溫度上揚了 1.0℃ 左右，隨著這股暖化的趨勢，現在加拿大大草原的生長季，比幾十年前還長一個星期以上。由於天氣模式的改變，一個國家的豐收可能導致另一個國家的損失。而那些缺乏應變資源的開發中國家，將是最大的受害者。

觀念檢驗站

Q

爲什麼科學家無法確知全球增溫的潛在效應？

你答對了嗎？

A

這種不確定性是因爲全球氣溫受到很多變因的左右。雖然爭論持續著，但是我們要記住的是，問題不在全球增溫本身，而在於它潛在的影響力。可以確知的是，大氣中的溫室氣體濃度會持續增加，這將勢必引起全球平均溫度的上升。

想一想，再前進

科學研究告訴我們，人類誘發的全球增溫確實可能發生，只是會到怎樣的程度，目前尚無法確知。唯有從日積月累的證據中，逐漸釐清實情。因此，眼前我們能做什麼努力，應該算是個社會問題，而不是科學方面的問題。

社會對全球增溫所能做的因應之一，是去適應一切的改變。經濟學者辯稱，氣候變遷存在許多不確定性，花大把錢試圖避開這種災難，可能不切實際。順應即刻出現的改變，或許會比較直接且成本低很多。不過，其實我們還是可以採取一些行動，來簡化未來可能發生的困境。例如，灌溉系統可以變得更有效率，因爲即使沒有異常的氣候變化，這種改善也將使我們較容易因應正常情況下的極端天氣。

另一項社會的因應之道，是採取預防措施以降低全球增溫的可能性。這些方式包括節約能源，或者改用天然氣或氫氣等含碳量較低的燃料，都有助於減少溫室氣體的排放。另外，還可以開發替代的能源，像是生物質量能、太陽能發電、風力發電、光電技術等。各國政府也必須同意一套降低排放二氧化碳及其他溫室氣體的標準。不過，有些國家可能基於人口的成長及發展經濟的需求，而標榜「汙染的權益」。

最佳的公共政策，應該是即使全球增溫的情形不會出現，也能產生利益的策略與措施。好比說，減少化石燃料的使用，不僅有助於遏止空氣汙染、酸雨的產生，還能減少對許多產油國的依賴。開發替代的能源、修改水資源的相關法令、尋找耐旱的作物品種、及商討國際性的協議，這些都是能提供廣泛利益的做法。

關鍵名詞解釋

大氣壓 atmospheric pressure　存在大氣中的任何物體所承受的空氣壓力。（17.1）

對流層 troposphere　最靠近地表的大氣層，含有 90% 的大氣質量，大氣中的水氣及雲層也都出現在這裡。（17.1）

平流層 stratosphere　位在對流層上方的大氣層，包含臭氧層。（17.1）

氣懸膠 aerosol　空氣中一種有水氣包圍的微粒子，直徑約 0.01 毫米，是大氣中許多化學反應進行的場所。（17.2）

微粒 particulate　漂浮在空氣中的一種粒子，直徑大於0.01毫米。（17.2）

工業煙霧 industrial smog　一種肉眼可見的空氣汙染，裡面含有大量的微粒及氧化硫，主要由燃燒煤炭及石油產生。（17.2）

光化學煙霧 photochemical smog　一種空氣汙染，其汙染物會參與由日光激發的化學反應。（17.2）

溫室效應 greenhouse effect　日光中的可見光被地表吸收後，所釋出的紅外線能量無法消散到外太空，因而使大氣保持溫暖。（17.4）

延伸閱讀

1. https://www.epa.gov/environmental-topics/air-topics
   美國環境保護局的空氣與輻射室負責保護空氣品質。在這個網站上，可以找到與某些話題相關的連結，例如都市的空氣品質、汽車的廢氣排放、臭氧層、酸雨、室內空氣等。

2. https://www.ucsusa.org/
這是關心世事的科學家組織的工會網站，上面有許多關於地球資源的訊息。點進去關於全球增溫效應的連結，可以看到一些常被人問到的問題，還有關於全球增溫背後的科學概觀。

3. http://www.cmdl.noaa.gov
這是美國海洋及大氣管理局的氣候觀測實驗室的網站。該組織在世界各地設有觀測站，用來偵測溫室氣體、氣懸膠、臭氧、導致臭氧層破洞的氣體、太陽與地表的輻射等問題。

4. https://catalysts.basf.com/
在這個網站的搜尋引擎中打入PremAir，就可以知道更多關於把臭氧變成氧氣的 PremAir 催化劑訊息。

5. https://ozonewatch.gsfc.nasa.gov/
自從 1977 年以來，全球臭氧的分布圖一直由 TOMS 衛星持續追蹤著。你可以從這個網站看到這些資料。同時，別忘了參考其中關於平流層臭氧的線上教科書。

6. https://ozoneaq.gsfc.nasa.gov/data/aerosols/
在這個網站上，可以看到地球探測號（Earth Probe）、雨雲七號（Nimbus 7）等衛星所測量到的全球氣懸膠濃度的資料。科學家利用這些數據來觀察許多不同的現象，例如沙塵暴、森林大火、及生質能燃燒等。

第 17 章　觀念考驗

關鍵名詞與定義配對

氣懸膠	微粒
大氣壓	光化學煙霧
溫室效應	對流層
工業煙霧	平流層

1. ______：大氣層中任何物體受到的空氣重量所施加的壓力。
2. ______：大氣層中最靠近地表的部分，含有大氣層 90% 的質量，以及大多數的水蒸氣及雲層。
3. ______：位在對流層上方的大氣層，包含臭氧層。
4. ______：空氣中那些表面有水氣覆蓋的顯微粒子，直徑約 0.01 毫米，且是大氣中許多化學反應的進行場所。
5. ______：一種存在空氣中的粒子，直徑大於 0.01 毫米。
6. ______：一種可見的空氣汙染，含有大量的微粒及二氧化硫，主要來自煤炭與汽油的燃燒。
7. ______：一種空氣汙染，它所含的汙染物會參與由日光誘發的化學反應。
8. ______：來自太陽的可見光被地球吸收後，釋出無法逃散的紅外線熱能，導致大氣層增溫的作用。

分節進擊

17.1 大氣層是很多種氣體的混合物

1. 為什麼大氣不會被重力壓扁，而緊貼在地球表面？
2. 今日的大氣是由哪些元素組成的？
3. 今日的大氣層中，含有哪些化合物？
4. 各種天氣現象都是出現在大氣層中的哪一層？
5. 當你在對流層中向上移動時，溫度會逐漸上升還是下降？若在平流層裡向上移動，又是怎樣的情形？

17.2 空氣汙染無所不在

6. 氣懸膠和微粒有什麼不同？
7. 什麼是逆增溫？
8. 工業煙霧和光化學煙霧有什麼不同？
9. 未燃燒的碳氫化合物如何造成空氣汙染？
10. 觸媒轉化器如何減少汽車排放空氣汙染物？

17.3 臭氧層：地球的防護罩

11. 臭氧是如何在平流層形成的？
12. 平流層裡的臭氧為什麼很重要？
13. 除了南極上空外，還有哪裡地方也出現平流層臭氧被耗損的跡象？
14. 氟氯碳化合物的潛在害處，最初是在何時被發現的？
15. 南極平流層的臭氧在一年中的什麼時候耗損最巨？請解釋原因。

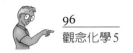

17.4 空氣汙染與全球增溫

16. 溫室氣體如何使地表保持溫暖？
17. 科學家如何估算困在冰芯中的空氣是源自什麼年代？
18. 焚燒熱帶雨林將如何對天氣模式帶來三重的威脅？
19. 在人類活動所製造的空氣汙染物中，哪一種產量最多？
20. 爲什麼科學家對於全球增溫的潛在影響各持不同的看法？
21. 面臨全球增溫時，內文中提到哪兩種可以採取的社會反應？

高手升級

1. 只要有空間的地方，氣體就會跑進去。但爲什麼地球的大氣不會跑進太空中？
2. 低於海平面 86 公尺的死谷，它的空氣密度與海平面的空氣密度有什麼不同？
3. 爲什麼當飛機向上升時，你的耳朵會出現一聲「啵」？
4. 在搭飛機之前，你買了一包鋁箔包裝密封好的零食，準備在飛機上吃。當飛機在高空飛行時，你發現那包零食的包裝卻膨脹了起來，這是什麼原因？
5. 當海拔高度增加時，大氣中的氮氣與氧氣比例應該會變大還是變小？
6. 如果我們用一疊磚塊來想，就不難瞭解水中的壓力（水壓）爲什麼取決於水的深度。最底下那塊磚的底面所承受的壓力，相當於整疊磚塊的重量；至於整疊磚塊的半腰處所承受的壓力，則是前者的一半，因爲它上方的磚塊重量是總重的一半。現在，爲了解釋大氣壓，我們可以相似的比喻來說明，但這裡要用的磚塊得改成發泡橡膠之類可壓縮的材質製成的（見右圖）。這是爲什麼呢？

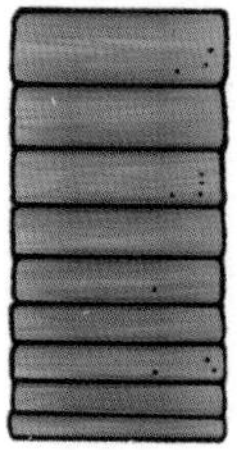

7. 燃燒煤炭會產生二氧化硫。請問這裡的硫是從哪裡來的？
8. 在一間沒有氣流（沒有風）的房間裡抽雪茄，有時雪茄的煙無法上升到天花板。可能的原因是什麼呢？
9. 空氣中的二氧化硫不會永遠都存在空氣中。請問它們是怎樣從大氣中被移除的？最後都到哪裡去了？
10. 爲什麼逆增溫現象一旦形成後，是相當穩定的一種天氣系統？
11. 大氣層中主要的氣體是氮氣和氧氣。在麼樣的情況下，兩者會反應形成一氧化氮？請寫下此反應的平衡方程式。
12. 觸媒轉化器會使汽車的二氧化碳排放量增加。你認爲這是好消息還是壞消息？
13. 地球上行光合作用的生物與臭氧層之間有什麼關連？
14. 猜猜看，現在你與氟氯碳分子（CFC）有多接近？並說明原因。
15. 汽車製造的臭氧汙染，能不能減輕南極上空的臭氧層破洞問題？試申辯之。
16. 氯是經由火山中的氯化氫形式（HCl）進入大氣中，但這種形式的氯不會在大氣中停留太久。爲什麼？
17. 爲什麼在夏季裡，我們有時會在溫室的玻璃上塗石灰水？
18. 人類排放到大氣中的二氧化碳愈來愈多，但是大氣中二氧化碳的濃度卻沒有以同樣的比例上升。試說明原因。
19. 假設大氣層較上方的組成發生改變，使地表的紅外線輻射可以逃散出去，這將對地球的氣候造成怎樣的影響？
20. 根據地質紀錄顯示，許多冰河時期都是受到一段天氣異常溫暖的時期所誘發的。請問溫暖的天氣怎麼會突然凝結成冰河時期呢？

思前算後

1. 如果就像課文中所說的，在你所呼吸的每公升氣體中，就有不下 25 兆（$25{,}000{,}000{,}000{,}000 = 2.5 \times 10^{13}$）個氟氯碳分子。仔細想一下，如果你要計算空氣中的氟氯碳百分比，你需要知道什麼訊息？
2. 已知體積 1 立方公尺相當於 1000 公升；1 公斤等於 1000 公克。那麼，1 公升的空氣有幾公克的質量呢？（假設空氣的密度是 1.25 公斤／立方公尺）
3. 假設空氣的平均莫耳質量是 28 公克／莫耳，請計算 1 公升的空氣中有幾莫耳的空氣分子。（可以參考《觀念化學 3》第 9.2 節）
4. 你呼吸的每公升空氣中，有幾莫耳的氟氯碳分子（CFC）？這占了空氣中的多少百分比？（假設CFC的分子質量是 120公克／莫耳。）

焦點話題

1. 請想一想，在過去 24 小時內，有哪些空氣汙染直接或間接與你有關？把這些汙染依照你所製造的產量多寡排序，並列出這些汙染物的來源，例如汽油或電。
2. 你認爲下面哪一種問題比較迫切：臭氧層破洞還是全球增溫？這兩者有什麼樣的相關性？
3. 美國的政治人物已提出要向燃燒化石燃料而排放二氧化碳的個人及工業界課稅，並利用這些稅收成立一個信託基金會，用來贊助購買省能產品（例如螢光燈泡或高里程汽車）的消費者。你認爲這樣的提案有什麼優缺點，你會想做怎樣的修改？

18

物質資源

一個小小的意外，

讓固特異先生發明了後來廣泛用來製造輪胎的硫化橡膠；

因為聚乙烯、鐵氟龍等聚合物的發現，

讓英、美等國在第二次世界大戰中贏得了最後的勝利。

這一章，我們要來看看這些平凡的材料背後，

有什麼不凡的故事！

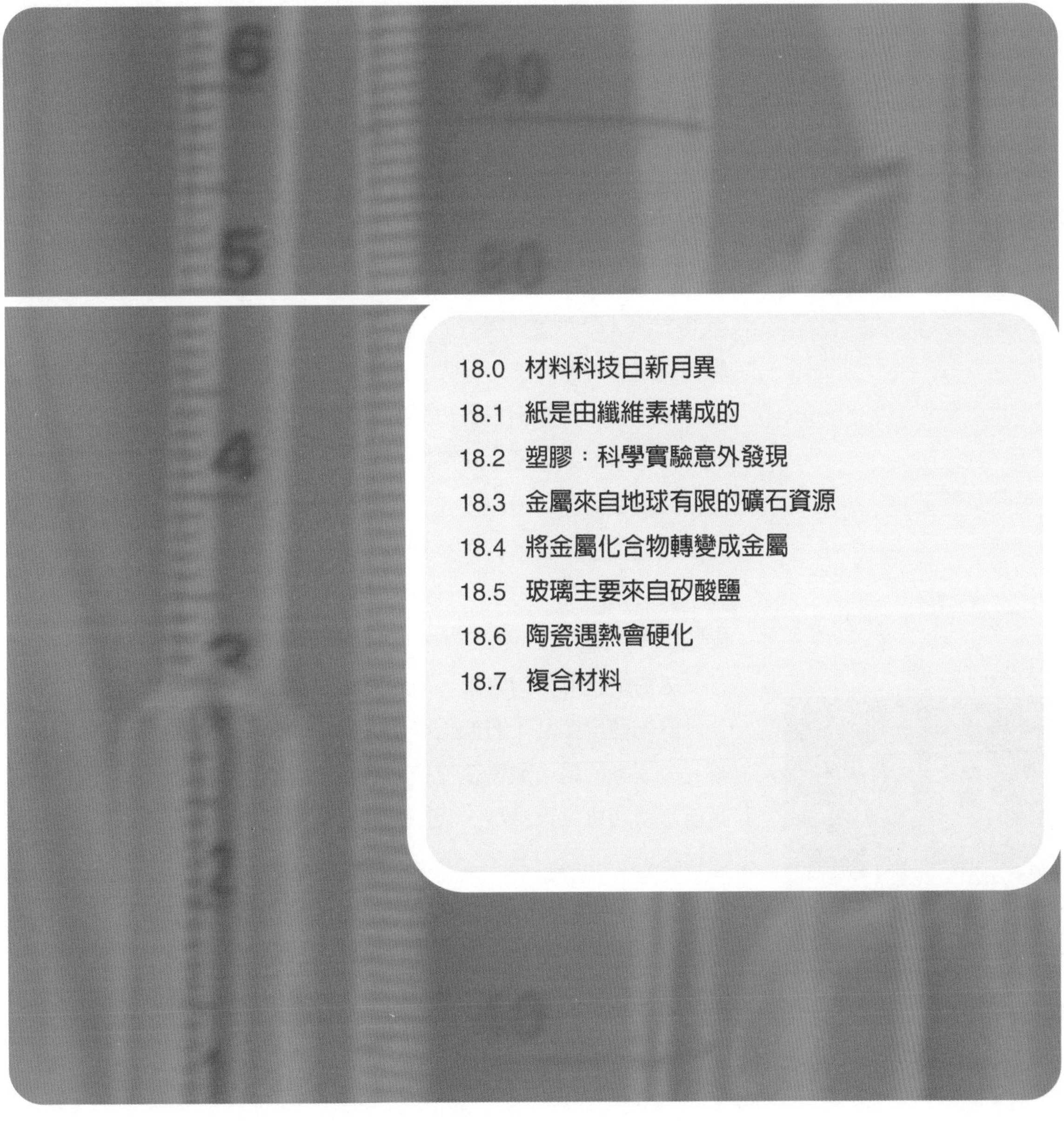

18.0 材料科技日新月異

鑽石的外表閃耀奪目、令人驚艷，它不僅中看也很中用，因爲鑽石具有一些不凡的特性，包括極端的堅硬度、極佳的傳熱能力，還能抵抗化學物質的腐蝕。1950 年代，研究人員研發出製造人工鑽石的方法。雖然人造鑽石的品質不如眞鑽石，但是它的應用很廣，特別是用於研磨的表面，例如牙醫師使用的牙鑽的鑽頭。1970 年代到 1980 年代，鑽石技術已進展到可以製造鑽石薄膜，到了 1990 年代，科學家可以用鑽石薄膜製造出奈米規模的卡鉗（見左圖）。這種用來做顯微測量的卡鉗，完全由鑽石製成，它的寬度比一根人類頭髮的直徑還小。目前有許多鑽石奈米儀器正在研發當中，包括一種微小的自動馬達，有朝一日這種小玩意可能進入人體血管中去移除動脈斑塊，或將抗癌藥劑直接輸送到有腫瘤的地方。

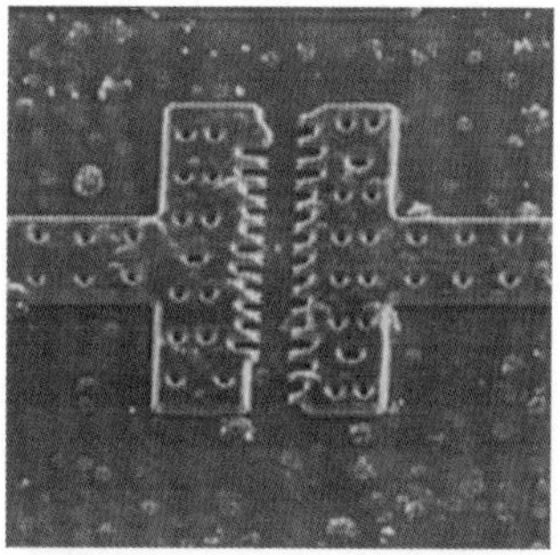

圖18.1
以鑽石薄膜製造的奈米規模的卡鉗。

這些鑽石薄膜的應用，現在看起來似乎是天方夜譚，但是它們一旦眞的變成產品，將成爲許多人關注的焦點。不過，大家的驚奇終究會逐漸消退，最後這種技術將被視爲理所當然。到時，我們的生活水準將會大大提升，我們對開發及利用次顯微世界的期望也隨之加深。

本章主要的目的是要邀請大家去見識那些對人類社會帶來重大影響的「平凡」物質。我們會介紹到一些先進的材料，不過主要的焦點還是在紙、塑膠、金屬、玻璃及陶瓷。我們會講到這些材料的歷史，同時也幫助你瞭解這些材料如何從過去到未來影響我們的生活方式。

18.1 紙是由纖維素構成的

說到現代文明的發展，沒有什麼材料比紙更重要了。紙的發明使知識得以記載傳承，讓我們能從前人的錯誤及成功經驗中學習。再者，紙的誕生，加上後來印刷術的發明，使知識變成人人可取得的東西。跟隨而來的科技、政治與社會方面的改革，讓我們這複雜的當代社會崛起於這些運動中。

據說紙早在公元 100 年左右，由中國人發明出來，當時是將桑椹樹皮的纖維素搗碎成薄紙張。後來有人們製出更細緻的紙，方法是從懸浮著纖維素的水中拉起一張絹絲網，收集糾結在一起的纖維。經過乾燥以後，纖維依然互相纏繞交織著，就形成了一張紙。

紙的製造後來由阿拉伯人傳入西方世界，阿拉伯人曾在第八世紀從戰役中被捕的中國造紙專家那兒習得造紙技術。紙磨坊很快的成立，造紙術也迅速的傳到歐洲。歐洲當時最早的紙磨坊成立於西班牙，時間是公元 1100 年。

1798 年，當一種可以做出一捲連續紙張的機器誕生於法國後，紙張的生產不再僅限於手工的單張紙。這種機器有一個輸送帶，一端浸入一大缸懸浮著纖維素的溶液中。輸送帶是一個濾網，當懸浮液流經這個濾網，水會滲漏出去，纖維素則被攔截下來。這些交錯糾結的纖維素經由一系列的滾筒，便擠壓成長長一張連續的紙。幾年後，英國出現了改良版的機器，使用的是加熱的滾筒，稱做長網造紙機（或稱福得林造紙機，Fourdrinier），是由一位有錢的企業家贊助這項發明。自動的長網造紙機仍為今日的造紙業所使用。

早期的紙大多是利用纖維很多的植物材料所製成，例如樹皮、灌木、及許多種野草。木材不適合造紙，因爲它的纖維埋藏在木質素這種黏性很高的基質中，木質素是一種天然生成的聚合物，不溶於水。1867 年，美國的研究者發現，可以把木片浸入硫酸中，以純化木材中的纖維，因爲硫酸會溶解木質素。可以用木材造紙，對北美的企業家可是一大好消息，因爲北美蘊藏著豐富的木材資源。

不久後，人們發現到添加松香和明礬等黏著劑，可以強化紙質，並使它們較容易接受油墨。此外，造紙業者還發現可以用氯將紙漂白，並加入不透明的白色物質，像是二氧化鈦，使紙張變得更白。今日，大規模的造紙過程，多半未脫離早期的方式，除了不再使用氯來漂白，因爲在漂白紙張的過程中，會產生致癌的戴奧辛。美國約有 75% 的紙是從紙漿製成的，其餘則來自回收的廢紙。

摻入松香和明礬的紙，經過幾十年後容易變黃變脆。這是因爲這些黏著劑的酸性特質，會催化纖維素纖維的分解〔因爲這個原因，根據估計在1984年時，美國國會圖書館所收藏的書已經有 25%（約三百萬冊）殘破到不堪借閱了〕。1950 年代，人們發展出非腐蝕性的鹼性替代品。摻了這種鹼性黏著劑的紙，被指名爲檔案紙，意味著它們可以維持至少 300 年不變質。

在過去，鹼性黏著劑的使用並不盛行，因爲它們的成本較高，且消費者的需求也不高。一直到最近，也就是 1980 年代末期，當紙漿的價格飛漲時，造紙公司才不得不轉向去製造無酸紙。因爲用松香和明礬製造紙，至少需要 90% 的纖維才能維持紙質的強韌度；然而用鹼性黏著劑來造紙，只要 75% 的纖維，就可以維持紙質的強韌度。因此，使用鹼性黏著劑來降低對纖維的需求，就成爲造紙公司節省成本的一種方式。

使用鹼性黏著劑的另一個好處是，在無酸的環境中，可以使用便宜又大量的碳酸鈣做爲紙張的白化劑，取代相當昂貴的二氧化鈦；無酸紙還可以用過氧化物等漂白劑取代氯。另外，消費者也漸漸重視檔案紙的價值，對這種高品質紙的需求日益增加。

觀念檢驗站

Q　1800 年代中期以前所製造的紙是無酸紙嗎？

你答對了嗎？

A　是的，因爲酸性的松香和明礬是一直到 1800 年代中期以後，才被用來造紙（1800 年代早期的書至今仍保留完整，然而 1930 年代所製造的書，現在往往脆弱得不堪一讀）。

生活實驗室：手工造紙

你可以在家裡利用濾網過篩含纖維素的懸浮液（或稱紙漿）來造紙。

■ 請先準備：

乾淨的保麗龍托盤、紗窗網（可到五金行購買）、管線膠帶、含纖維素的物質（例如廢紙片、棉布、乾掉的樹葉、花瓣、被除掉的草、咖啡渣等等）、量杯、攪拌器、溫水、直徑大於保麗龍盤長度的鍋子、兩個大碗、湯匙、牙籤。

■ **請這樣做：**

1. 將保麗龍托盤的底部剪掉，再剪一張紗窗網，覆在托盤的大洞上，做成一個濾網。
2. 把含有纖維素的物質剪成細小的碎片（碎片大小以攪拌器不會卡住爲準）。
3. 在攪拌器中裝入四分之三滿的溫水。轉到低速檔，慢慢加入一杯剪碎的纖維素物質。在攪拌器中，水的含量應該維持比固體物質多一些。慢慢把這些物質攪成很細的紙漿。
4. 把紙漿倒入鍋子裡。必要時加入一些水，使紙漿深度約 10 公分。把濾網浸入鍋內，並搖動紙漿，以維持均質狀態。將濾網拉平，然後直直的從懸浮液中舉起，以收集一層薄紙漿。
5. 小心的把濾網倒扣在毛巾上，用沾濕的海綿擦拭倒置的濾網，使紙漿脫落。必要時，可用牙籤輕戳，好讓紙漿從濾網剝離。
6. 用另一條毛巾把紙漿壓平，並盡可能吸掉紙漿的水分。把壓平的紙放在平坦的表面上風乾。

生活實驗室觀念解析

所有的植物都含有纖維素，這是爲何各種植物都可以用來造紙的原因。不過，所有的植物也都含有把纖維素結合在一起的木質素。那些含有最多木質素的植物，例如樹木，需要用最強的化學藥劑，把纖維素纖維分離出來。木質素含量較低的植物，例如草本植物及不含木材的矮灌木，則可利用較溫和的化學藥劑分離纖維素纖維。你在實驗中使用的舊紙張或舊布片，等於是回收再利用的植物纖維，因此不需要經過化學藥劑處理的步驟。所以，回收紙類製品再利用，不僅可以挽救樹木，還可以讓造紙過程更有效率。

我們砍樹造紙似乎是理所當然的，因爲世上的樹木何其多，而且可以不斷的更新，砍了一棵，再種一棵不就得了。不過，這種「爲了砍樹而種樹」的做法並不聰明，且有很大的缺失。小樹需要

一、二十年才能長成大樹，而這種進度趕不上我們對紙張逐日增多的需求。再者，重新種樹不表示可以再造一座森林。因爲人們種回去的樹，一定是只爲造紙所需的單一樹種。眞正的森林是經過長時間演化而生的，裡面的許多物種彼此相依相存，才能生生不息的興盛下去。

有些其他的來源或許可以替代砍樹，以迎合大量造紙的需求，例如柳樹、洋麻（kenaf）、工業用大麻等。這些植物每單位面積所生產的纖維，是樹木纖維產量的三倍以上。而且它們生長很快，採收後可以迅速補充。例如一棵樹木可能要花個二十年的時間才能砍伐，但這些植物在氣候合適的情況下，一年可以採收三次。

此外，因爲柳樹、洋麻、工業用大麻的木質素含量頗低，這表示它們的纖維素可以很容易的被分離出來。如果造紙工廠用這些植物取代木材來造紙，就可以避免使用大量的硫酸，這種化學物質不僅有害環境，也與造紙產生的臭味有極大的關係。另外，這些迅速生長的植物體內所蘊藏的能量，也十分引人注意，尤其對電力公司而言，說不定有朝一日他們可以燃燒植物來發電，取代石油的燃燒（請見 19.6 節）。

今日，我們大量的使用紙張，光是在美國，一年就要消耗七千萬噸。也就是說，平均每個美國人一年用掉 230 公斤，或 6 棵標準大小的樹木。目前，我們使用的紙，已有 68% 回收再利用，而且比率持續增長。這是很令人欣慰的事情，因為把紙回收不僅是挽救樹木的生命，要知道，從樹木造紙需要耗費很多能量；然而，把舊紙再造成新紙，所耗費的能量不及前者的一半。說出來你可能會非常驚訝，光是北美製造的固體廢棄物中，就有 25% 是紙類垃圾。想想看，過去這一年，你把 230 公斤的紙都用到哪兒去啦？

18.2 塑膠：科學實驗意外發現

在《觀念化學 3》的第 12 章中，你已經知道合成聚合物的許多種類與它們的用途。這一節將介紹發明這些聚合物的科學家，以及這些新物質對社會造成的影響。瞭解發明塑膠的成功與失敗經驗，讓我們見識到化學眞是一個實驗加發現的過程。當你讀完本節，你可能想複習一下第 12 章所介紹的結構與反應。

爲了尋找重量輕巧、不會破裂、又可塑形的物質，化學家發明了硫化橡膠（vulcanized rubber）。這種物質源自半固體、有彈性的聚合物：天然橡膠。構成天然橡膠的基本化學單位是聚異戊二烯，這是植物從異戊二烯分子合成的大分子，如圖 18.2 所示。在 1700 年代，人們發現天然橡膠能夠擦掉（rub off）鉛筆的痕跡，因此把這種物質取名爲「rubber」（即橡膠的英文）。不過，天然橡膠還有一些其他的用途，因爲在高溫中，橡膠會像黏膠似的，在低溫中，橡膠又會變得容易脆裂。

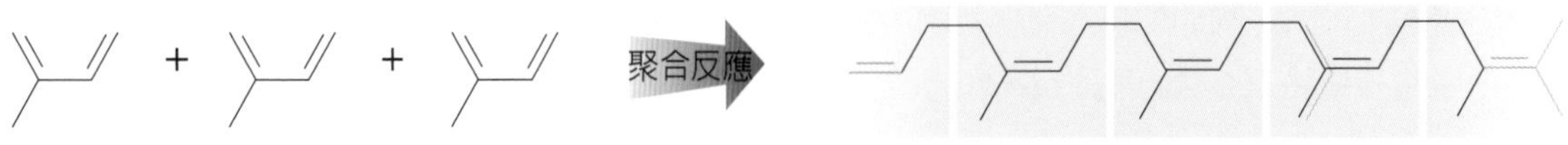

異戊二烯　異戊二烯　異戊二烯　聚異戊二烯

圖 18.2
異戊二烯分子彼此合成聚異戊二烯分子，這是天然橡膠的基本化學單位，天然橡膠是來自橡膠樹。

1839 年，美國的發明家固特異先生（Charles Goodyear，1800-1860）發現了「橡膠的硫化作用」（rubber vulcanization），這是將天然橡膠與硫一起加熱產生的現象。這項發現發生在固特異無意間把一罐未加蓋的硫，打翻到一鍋加熱的天然橡膠中，結果產生了硫化橡膠這種新材質。硫化橡膠比天然橡膠堅硬，且在不同的溫度下都不會改變它的彈性特質。這是長鏈的聚合分子之間形成雙硫鍵的結果，如圖 18.3 所示。

已知硫化橡膠有種類繁多的應用，從輪胎到雨具，應有盡有，且儼然成爲一種獲利可達好幾十億的大型工業。爲了滿足我們對硫化橡膠日益增長的渴求，現在工業界利用石油醚來合成天然橡膠（聚異戊二烯）。

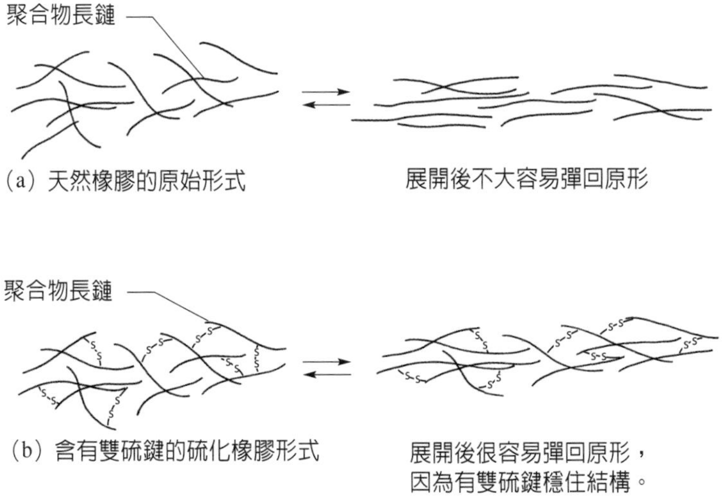
聚合物長鏈
(a) 天然橡膠的原始形式
展開後不大容易彈回原形
聚合物長鏈
(b) 含有雙硫鍵的硫化橡膠形式
展開後很容易彈回原形，
因為有雙硫鍵穩住結構。

圖 18.3
(a) 當我們把天然橡膠拉開時，裡頭個別的聚異戊二烯長鏈會彼此交錯滑過，使橡膠維持伸展的狀態。(b) 當我們把硫化橡膠拉開時，兩條聚異戊二烯長鏈之間的雙硫鍵可避免長鏈彼此錯開，使橡膠有回復原來形狀的傾向。

可惜固特異並沒有因爲發現硫化橡膠而飛黃騰達。他因爲欠債入獄，後來疾病纏身而死在牢房中。當今的固特異公司並非由固特異先生所創，而是由其他人在固特異死後 15 年以他的名字成立，以推崇他的發現。

1845 年，當硫化橡膠逐漸盛行，一位瑞士的化學教授修班（Christian Schobein）在實驗室用棉布擦拭打翻的硝酸硫酸混合物，隨後他把這塊抹布掛起來曬乾。沒想到幾分鐘後，這塊抹布忽然燒了起來，且很快就燒光光，只留下少許的灰燼，修班因此發現了硝化纖維素（nitrocellulose）。在這種化合物中，纖維素的所有氫氧基皆與硝酸基結合，如圖 18.4 所示。隨後修班企圖將硝化纖維素引進市場，做爲一種無煙的火藥（火棉），不過他並沒有成功，主要是因爲後來製造這種物質的工廠，發生一系列致命的爆炸。

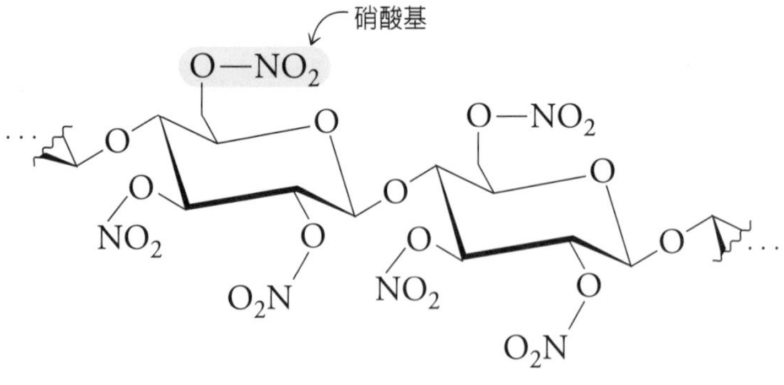

硝化纖維素

圖 18.4
硝化纖維素很容易燃燒，因為它含有許多硝酸基，非常有利於氧化反應。

火棉膠和賽璐珞都源自硝化纖維

雖然修班沒有成功的把火棉打入市場，但法國的研究人員發現，二乙醚及酒精之類的溶劑，可以把硝化纖維素轉變成一種可塑造各種形狀的膠體。再者，若把這種膠體在平坦的表面薄薄的塗一層，它會乾燥成一種堅韌的透明薄膜。這種可利用的硝化纖維素被稱爲火棉膠（collodion），最初應用在醫用敷藥上，以治療割傷。

1855 年，英國的發明家派克斯（Alexander Parkes）把火棉膠的可塑性加以開發利用，並將帕克賽因（Parkesine）這種物質打進市場。舉凡梳子、耳環、鈕扣、手環、撞球，甚至是假牙，都在派克斯的工廠製造出來。不過，派克斯選擇的是重量不重質的生產路線。他使用低檔的棉花，以及便宜但不恰當的溶劑，使許多產品往往不耐用，終究導致生意失敗。1870 年，來自紐約州阿爾巴尼市的年輕發明家海厄特（John Hyatt）發現，當使用樟腦油當溶劑時，會大幅提高火棉膠的可塑性。海厄特的兄弟以薩亞（Isaiah）把這種含樟腦的硝化纖維素命名爲賽璐珞（celluloid）。由於賽璐珞的可用性更廣，使它成爲製造許多家庭塑膠用品的首選材料。除此之外，賽璐珞這種透明的薄膜也可做爲感光乳劑的支撐物，促成攝影工業的興盛，並爲電影的發展邁出第一步。

儘管賽璐珞是一種很棒的材料，它仍然存在一大缺點，就是可燃性很高。所以到今天，由賽璐珞製造的產品已經不多見了，而鋼筆桿是其中的一種。如果你試著將賽璐珞鋼筆桿切開，你會聞到樟腦的強烈氣味，這和治療肌肉酸痛的熱敷膏有相同的味道。這裡面的樟腦正是來自製造鋼筆桿所使用的賽璐珞。所以，賽璐珞鋼筆桿也可以迅速燃燒，因為它含有硝化纖維素的成分。

電木：第一種廣泛使用的塑膠

大約在 1899 年，從比利時移民到美國的化學家貝克蘭（Leo Baekeland，1863-1944）發明了一種相片紙上所用的乳膠，這種乳膠對光線有極高的敏感度。他把這項發明賣給伊士曼（George Eastman，1854-1932），當時伊士曼已經靠著銷售賽璐珞攝影軟片及輕便型柯達相機而發財。貝克蘭心想，自己這項發明能賣個五萬元就很不錯了，沒想到，伊士曼一出價就是七十五萬美元（在今日，這相當於美金二千五百萬元哩）！貝克蘭一夕間成了很富有的人，讓他更專心一意探索他熱中的化學世界。

貝克蘭斷定當時世上最需要的材料是合成的蟲膠，這可以取代分布於東南亞的紫膠蟲所分泌的天然蟲膠。那時，天然的蟲膠是電線裡最適當的絕緣體。自從愛迪生在 1879 年發明了白熾燈泡，用蟲膠包裹的金屬電線便在地方上延展開來，到處都需要這種電線來供電。但也因此而造成蟲膠供不應求的情形。

貝克蘭研究了一種焦油般的固體，這是參與阿斯匹靈研發工作的德國化學家拜爾（Alfred von Baeyer，1835-1917），曾在實驗室裡製造過的東西；不過，當時拜爾把它視為無用的東西而拋棄。在貝克蘭的眼裡，這可是貨眞價實的金礦呢！經過幾年的研究，他製造出一種特殊的樹脂，當他把這種樹脂倒入模型中，在高壓下加熱，樹脂會凝固成透明的模型正像。貝克蘭發明的樹脂是甲醛和一種酚類的混合物，兩者聚合成複雜的網絡，如右頁圖 18.5 所示。

貝克蘭把這種固化的物質稱做電木（bakelite），它不受強酸、強鹼、高溫、低溫，或各種溶劑的影響。於是電木很快的取代賽璐珞，成為一種可塑的媒材，在往後數十年中，被廣泛的應用在很多產品中。直到 1930 年代，熱塑性聚合物（詳見《觀念化學 3》第 12.4 節）問世，電木在演變中的塑膠工業裡的主導地位才受到挑戰。

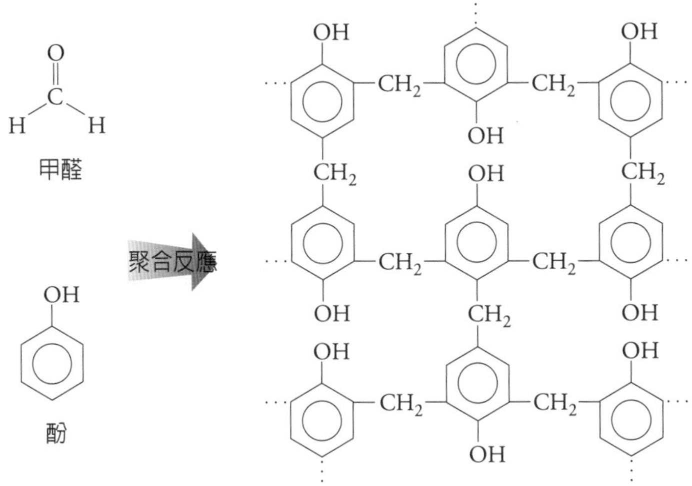

(a)

(b)

圖 18.5
(a) 這是電木分子網絡的平面圖（它實際上是伸向三維空間的立體結構）。(b) 這種有聽筒的電話一開始是用電木做成的。

玻璃紙是最早的塑膠包膜

說到玻璃紙，要追溯回 1892 年，當時英國的克羅斯（Charles Cross）和畢文（Edward Beven）發現，以濃縮的氫氧化鈉處理纖維素後，再加入二硫化碳，可以產生一種濃稠似糖漿般的黃色液體，叫做黏膠。把這種黏膠擠入酸性溶液，便產生一種很有韌性的纖維，也就是今日人們用來製造絲質布料的人造絲（rayon）。

1904年，瑞士的紡織化學家布蘭登柏格（Jacques Brandenberger）注意到餐廳的工人很輕易的把只沾了一點汙漬的精緻桌布丟棄。他當時正在研究前述的黏膠，他想到說不定可以把黏膠擠壓成透明的薄紙（而不是擠成人造絲），貼附在美麗的桌布上，這樣桌面上的汙漬很容易就可以抹除。到了 1913 年，布蘭登柏格利用黏膠成功的製造出一種完美的纖維素透明薄膜，取名爲玻璃紙。

當布蘭登柏格發現他的玻璃紙無法與桌布產生良好的附著力，他便繼續開發玻璃紙的潛力，把它用來當作攝影軟片與電影膠捲的支持物。不過，這個點子也沒有成功，因爲玻璃紙遇熱會捲曲變形。根據這些失敗的經驗，布蘭登柏格逐漸體認到他新發明的玻璃紙，其實最適合用來當做包裝紙。

幾年內，杜邦公司收購了玻璃紙的專利權。但是在生產好幾批之後，研究人員發現玻璃紙無法提供有效的阻隔以防止水氣散失，因此包在裡面的食物很容易乾掉。到了 1926 年，杜邦的化學家摻入少量的硝化纖維素及蠟，解決了這個問題。於是可防止水氣散失的玻璃紙成爲一種受歡迎的包裝紙，用來包裝巧克力、香菸、雪茄、麵包及糕餅等產品。這些產品用玻璃紙密封後，還可以同時隔絕塵埃、細菌的接觸。

圖18.6
玻璃紙改變了食物及其他產品的行銷方式。

另外還有一點很重要的事，就是玻璃紙與紙張及錫箔（這是當時兩種使用中的包裝紙）最大的不同，在於玻璃紙是透明的，可以讓消費者看到包裝內的東西，如圖 18.6 所示。這種特性使玻璃紙在超級市場的興起（約在 1930 年代）與發展上扮演重要的角色。不過，也許玻璃紙最吸引消費者的地方是它那閃閃發亮的外表。後來行銷人員很快就發現，幾乎任何產品，從肥皂盒、罐頭食品、到高爾夫球等，只要是用玻璃紙包裝的，都銷得比較快。

聚合物在二次世界大戰立功

在 1930 年代，美國使用的天然橡膠有 90% 以上都是來自馬來西亞。1941 年 12 月，日軍偷襲珍珠港之後沒多久，美國也加入二次世界大戰，然而日軍卻占領了馬來西亞。地大物博的美國，什麼都有，就是缺乏橡膠，使美國首次面臨天然資源的危機。當時軍隊受到嚴重的波及，因爲沒有橡膠，輪胎做不出來，軍機、吉普車都成爲無用之物。雖然在 1930 年，杜邦的化學家凱若瑟（Wallace Carothers，1896-1937）曾利用石油製出合成橡膠，但是由於成本比天然橡膠高很多，所以並未廣泛應用。不過既然無法取得馬來西亞橡膠，又要和日軍作戰，成本已不是考量的重點了。於是全美各地開始興建合成橡膠的工廠，幾年內，合成橡膠的年產量從 2,000 噸上升到將近 800,000 噸。

同時，在 1930 年代，英國科學家發明了追蹤雷雨的雷達。由於戰事的逼近，這群科學家把注意力轉移到將雷達應用在偵測敵機上。不過，當時這項設備實在龐大笨重，若要把這麼笨重的設備裝置在飛機上，是行不通的。雷達設備之所以笨重，是因爲需要使用大量的電線圈，以產生強力的無線電波。

科學家都知道，如果可以用又薄又有彈性的絕緣體來包裹電線，就能夠設計出一種較輕型的雷達儀器。幸好當時剛問世不久的聚乙烯聚合物，恰可以成爲理想的電絕緣體，讓英國科學家得以製造出飛機可以承載的輕型雷達。這些雷達偵測機速度不快，但可以在夜空中及不良的天候下飛行，同時偵測、攔截並殲滅敵機。雖然在戰爭打到一半時，德國人也發明出雷達，但是他們沒有使用聚乙烯，因此他們的雷達設備比較劣等，同盟國依然占有戰略優勢。

其他四種對二次世界大戰的結果有重大影響的聚合物分別是：普列克斯玻璃樹脂（Plexiglas）、聚氯乙烯（PVC）、賽綸（聚偏二氯乙烯；Saran）、鐵氟龍（Teflon）。如圖 18.7 所示，普列克斯是化學家所知的聚甲基丙烯酸甲酯〔poly（methyl methacrylate）〕。這種看似玻璃卻具有可塑性的輕巧材質，是做爲戰鬥機及轟炸機頂蓋的極佳物質。雖然同盟國與德國的科學家都研發出聚甲基丙烯酸甲酯，但只有同盟國的科學家知道，溶液中加入少量這種聚合物，可防止汽油或液壓油在低溫下變得太稠。在 1943 年冬季的史達林格勒之役中，蘇聯軍隊僅裝備了幾加侖的聚甲基丙烯酸甲酯溶液，就可以使他們的坦克運轉不息，而納粹的設備卻在寒冷的天候中停頓失靈。蘇聯的坦克與大砲正常運作的結果，導致這一戰的勝利，成爲二次世界大戰的重要轉捩點。

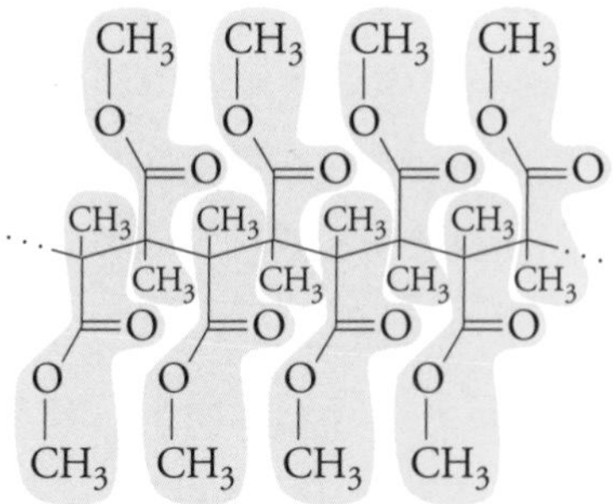

聚甲基丙烯酸甲酯

圖18.7
聚甲基丙烯酸甲酯的龐大側基可以防止聚合物長鏈彼此對齊並列。這種特性使光線容易穿透這種堅韌、透明、質輕、又有可塑性的材料（Plexiglas® 是 ATOFINA 公司的註冊商標）。

在 1920 年代，一些化學公司已研發出聚氯乙烯（簡稱PVC）。不過這種材料的問題是當它遇熱時，會失去彈性。1929 年，一家輪胎公司（BFGoodrich）的化學家賽蒙（Waldo Semon）發現，加入可塑劑後可將PVC製成有用的材料。在觀看太太把橡膠化棉花製成的浴簾縫在一起時，賽蒙靈感突發，把具可塑性的PVC做成浴簾。不過，PVC的其他用途發展得很慢，直到二次世界大戰時，這種材料才被人發現是一種理想的防水物質，可用來製造帳棚和雨具。戰後，PVC取代電木，成爲製造留聲機唱片的媒材。

最初用來覆蓋劇院的座椅，以防口香糖破壞的聚偏二氯乙烯（也就是「賽綸」），在二次世界大戰中也被派上用場，成爲大砲裝備在海上戰役期間的保護膜（在使用聚偏二氯乙烯之前，標準的做法是將大砲拆解，然後塗上油脂，以防海水腐蝕）。戰後，化學家重新調整此聚合物的配方，以去除原有配方產生的臭味，於是聚偏二氯乙烯很快的把玻璃紙擠掉，成爲從當時到現在最受歡迎的食物包裝紙（也就是保鮮膜），如圖 18.8 所示。

在《觀念化學 1》的第 1 章我們曾提到鐵氟龍的發現，來顯示科學家的好奇心與分析思考如何引領他們走向成功。最初，大家對鐵氟龍的印象是一大堆它不會這樣、不會那樣，好比說，它不會燒壞、也不會完全熔化；相反的，在華氏 620 度的高溫下，它會凝結成膠體，方便塑形。鐵氟龍不導電、也不受黴菌、眞菌侵襲，沒有任何溶劑、酸、鹼能溶解或腐蝕它。最驚人的是，沒有什麼東西可以黏上它，連口香糖也不例外。

因爲鐵氟龍有這麼多的「不會」，杜邦公司一時沒有把握可以拿它來做什麼。直到 1944 年，一群官方的研究人員找上杜邦公司，著急的尋求某種高度惰性的物質，好用來襯在某儀器的活門、管道內

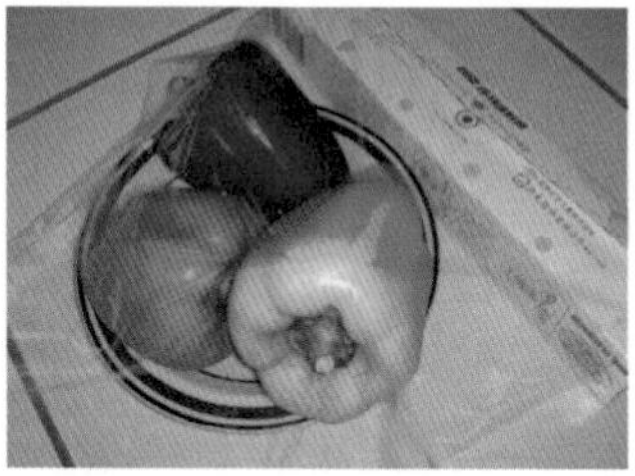

圖18.8
今日大家熟悉的這種裝在紙盒中、邊緣有切刀的食物保鮮膜，是在1953 年由陶氏（Dow）化學公司推出的產品，叫做「賽綸包裝捲紙」（Saran Wrap）。

側，這種儀器在製造核彈（俗稱原子彈）時被用來隔離鈾-235。於是，鐵氟龍就這麼被派上用場。一年後，美國在日本投下原子彈，結束了第二次世界大戰。

觀念檢驗站

Q 請說出四種在二次世界大戰中對同盟國的戰備能力有重大影響的聚合物。

你答對了嗎？

A 普列克斯玻璃樹脂、聚氯乙烯、賽綸（聚偏二氯乙烯）、鐵氟龍。

世人對塑膠的態度已變

由於戰時的卓越貢獻，使塑膠在戰後幾年內急速竄紅，成爲受大眾歡迎的材料。在 1950 年代，達克龍聚酯進入人們的生活中，成爲羊毛的替代品。此外，企業家塔珀（Earl Tupper，1907-1983）也在 1950 年代利用聚乙烯製造出一系列的食物容器，叫做特百惠保鮮盒（Tupperware）。

到了 1960 年代，這是環保意識崛起的十年，許多人開始發現塑膠的壞處。由於價格便宜、用完即丟，加上非生物可分解（non-biodegradable）的特性，使垃圾堆與掩埋場到處都是塑膠廢棄物。然而相對於許多天然材料而言，石油是容易取得的原料，成本也不高，再加上戰後嬰兒潮造成對塑膠有需求的人口愈來愈多，使得各式各樣的塑膠製消費性產品紛紛出籠，銳不可擋。到了 1977 年，塑膠已超越鋼鐵，成爲美國生產的第一大材料。不過，人們對環境問題的憂慮也在增長中，因此在 1980 年代，開始出現回收塑膠品的方案。雖然回收塑膠的效率仍有待改善，但我們現在進入了一個新時代，就是大家已能體認用回收的塑膠瓶製成的運動夾克，是一種珍貴的商品。

過去的 50 年來，塑膠科技不斷有許多重大的進展。好比說，研究人員利用會發光的聚合物，製造出可以像報紙那樣捲起來或可以像壁紙在牆上展開的顯示螢幕。還有的聚合物可以導電、取代人體某些部位，或是質地比鋼鐵堅韌但更加輕巧。你可以想像有一種合成的聚合物能仿效光合作用，將太陽能轉化成化學能；或者還有一種合成聚合物可以將淡水迅速的從海水中分離出來。其實這些都不是夢，而是化學家已經在實驗室展示過的事實！過去，聚合物在我們的生活中扮演重要的角色，如今它們將繼續承諾我們一個未來。讓我們共同努力，確保石油這種能製造大多數聚合物的原料，在這個諾言實現以前不會被人類耗損殆盡。

觀念檢驗站

Q

在典型的掩埋場中，壓縮的塑膠占了場內體積的 20% 左右。這和掩埋場中的紙類垃圾相比，情況如何？

你答對了嗎？

在 18.1 節最後我們曾提到，北美製造的固體廢物中，大約有 25% 是紙類。因此來到掩埋場的廢紙比起塑膠廢物還是比較多。

18.3 金屬來自地球有限的礦石資源

在《觀念化學 1》的 2.6 節中，大家已經認識金屬的特性。它們會導電、傳熱、不透光，在高壓下會變形，而不是破裂。這些特性使金屬的應用很廣，我們利用金屬蓋房子、製造電器、汽車、橋樑、飛機、摩天大樓等等。我們在南北極之間鋪設金屬電線，用來輸送訊號與電流。我們還穿戴金屬飾品、交換金屬貨幣、從金屬罐中喝飲料。但究竟是什麼東西賦予金屬這些特性呢？想回答這問題，我們可以看一下金屬元素的原子行爲。

大多數金屬原子的外圍電子並未受原子核嚴密的管控，因此這些外圍電子很容易跑掉，產生帶正電的金屬離子。這麼多電子從一大堆金屬原子跑出來後，會在形成的金屬離子之間自由移動，如右頁圖 18.9 所示。這種電子流以所謂的**金屬鍵**把帶正電的金屬離子約束在一起。

金屬的電子所具有的移動性，可說明金屬何以容易導電與傳熱。此外，金屬不透光卻有光澤的特性，是因爲自由的電子會隨著任何落在金屬上的光波而產生振動，並將大部分的光反射出來。再者，金屬離子並不像結晶體中的離子，被固定在特定的位置上。相反的，由於金屬離子是靠游移的電子流而束在一起的，因此這些離子可以彼此變換方位，這種情形發生在當金屬被敲打、拉扯、或鑄造成不同的形狀時。

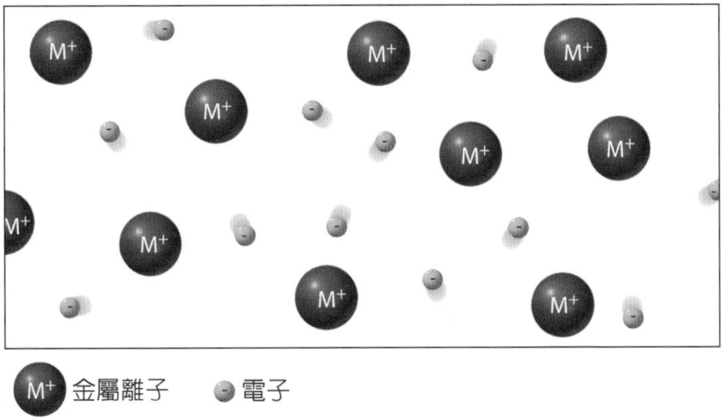

圖18.9
金屬離子是由自由移動的電子約束在一起。這些游移的電子形成一種「電子流」，可以在正離子的晶格之間流竄。

● M⁺ 金屬離子　● 電子

二種或更多種的金屬，可以藉由金屬鍵彼此結合在一起，形成**合金**。好比說，當熔解的金與熔解的鈀相混，可以形成勻相的溶液稱為白金。只要調整金和鈀的比例，便可以輕易的改變白金的屬性。白金就是一種合金，這是由兩種或更多種金屬元素形成的混合物。金屬工人嘗試不同的比例，可以很快的改變合金的特性。例如，在設計莎卡嘉薇亞一元幣（如圖 18.10 所示）時，美國的鑄幣廠需要一種帶金黃色（使它能受到大家歡迎）且與蘇珊安東尼一元幣有相同電性的金屬，這樣新硬幣才能取代舊的蘇珊安東尼硬幣，使用於販賣機中。

圖18.10
莎卡嘉薇亞一元幣的金黃色表面是來自 77% 的銅、12% 的鋅、7% 的錳及 4% 的鎳所製成的合金。硬幣的內部則由純銅製成。

本節我們將討論自然界中含有金屬的化合物，以及如何將它們大量的轉變成金屬。當你在閱讀時，要記住，雖然金屬僅由中性的金屬原子構成，但是含金屬的化合物是一種離子化合物，其中帶正電的金屬離子與帶負電的非金屬離子彼此相結合；三氧化二鋁、氯化鈉便是其中的兩個例子。這些化合物的外觀可能呈透明也可能不透明，但導電性與傳熱性都很差，而且一受到壓力就粉碎。

少數金屬是以金屬的形式存在於自然界，例如金和鉑。這類的天然金屬（稱做自然金屬，native metal）是相當珍稀的。大多數的金屬在自然界中則是以化合物的形式存在。好比說鐵，最常出現的形式是三氧化二鐵；銅則是常以黃銅礦（$CuFeS_2$，鐵和銅的硫化物）的形式出現。蘊藏大量金屬化合物的地質沉積物稱做**礦石**（ore），金屬工業從地下開採礦石後，再加工製成金屬。雖然自然界中金屬化合物四處可見，但只有礦石中的濃度足以提煉出有經濟價值的金屬。

鐵金屬僅與五大類的負離子結合，如圖 18.11 所示。因此，含鐵的化合物便根據它們所含的負離子種類來命名。好比說，氧化鐵是一種含氧的礦石，黃銅礦則是含硫的礦石。

圖 18.11
五種能與金屬離子結合的帶負電離子。

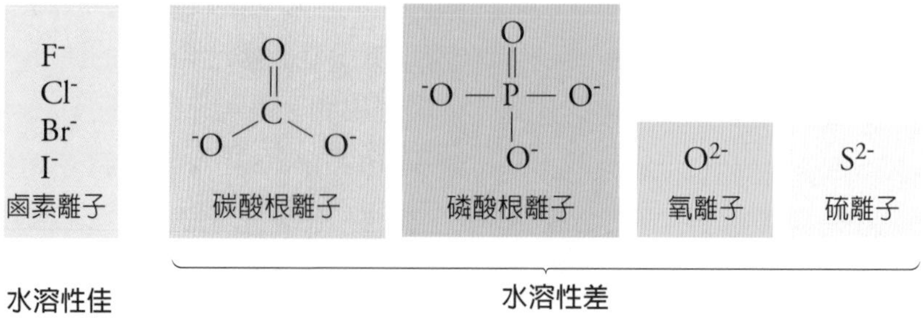

諸如氯化鈉和氯化鎂之類的鹵化物則常常被稱做鹽類。它們有很好的水溶性，因此很容易就被表水或地下水沖刷掉。因此，大多數這類及其他水溶性的金屬化合物，最後都跑到海洋裡。當海水蒸發後，才有機會重獲這些化合物。另一個可能是，水溶性的化合物會跑到地面的盆地裡，像是猶他州的巴納維亞鹽帶平地，這些化合物可以立即被開採。

還有在某些地區，例如沿著墨西哥灣一帶，有大量鹵化物沉積在地面下數百公尺深的地方，它們依然未被溶解，因爲地下水無法到達。在這些地方沉積的金屬化合物往往很精純，值得從事深度開採（開採後留下的洞穴裡面很乾燥，是保存易受潮的儀器或文件的極佳場所）。與鹵化物相反的是，那些含有碳酸根、磷酸根、氧、硫等離子的化合物，水溶性往往相當低。因此，它們的礦石容易沉積，並分布在比較多樣化的地質處。

金屬在自然界存在的形式與它在週期表上的位置有關。下頁圖18.12 顯示，第一族金屬往往以鹵化物的形式存在；第二族金屬大多以碳酸化合物的形式存在；第三族金屬及鑭系元素，則多半以磷酸化合物的形式存在。從第四族到第八族的金屬以及鋁（Al）、錫（Sn），往往以氧化物的形式存在；多數從第九族到第十五族的金屬，還有鉬（Mo），則通常以硫化物的形式存在。

圖18.12
金屬在自然界中最常以何種化合物形式存在，取決於它在週期表上的位置。

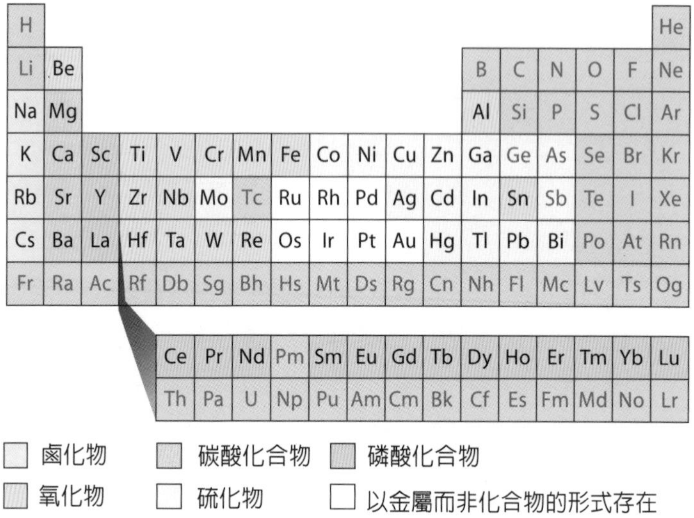

觀念檢驗站

Q　根據圖18.12，你認爲哪一種鐵礦在自然界中的藏量比較豐富：三氧化二鐵還是硫化鐵？

你答對了嗎？

A　圖18.12所顯示的是自然界最常見的形式，因此可知三氧化二鐵是藏量比較多的鐵礦。

我們應該節約並重複使用金屬

由於地球到處充斥著金屬化合物，我們很難想像有一天可能面臨金屬短缺的問題。然而，許多專家指出，如果我們持續以現今的速率消耗金屬，金屬短缺將在往後的兩個世紀內發生。事實上，問題不在於缺乏金屬化合物，而是缺乏可以用合理的成本從中提煉出金屬的礦石。

先來看看黃金的回收情形。如果把目前人們從自然界分離出來的金子全部加起來，可以填滿一個邊長 18 公尺的立方體，總重量約 130,000 噸。這包括我們從自然界中直接開採到的所有金子，加上所有從含金的礦石中純化出來的金子。由於金子的生產率逐年下降，你可能會想，也許人們已經把地球蘊藏的金礦開採得差不多了。但事實上，海洋中蘊藏著大量的金，大約每一噸海水中就有 2 毫克。全世界的海水大約有 1.5×10^{18} 噸，如此算起來，海洋中含有約 30 億噸的金！然而到目前為止，還沒有把這些金子回收圖利的方式，因為它們的濃度實在太稀了（見圖 18.13）。

和海洋中的金礦一樣，地殼中大多數的金屬化合物都與其他物質均勻相混，也就是說這些化合物都被稀釋了。根據定義，我們知道礦石也是地殼的一部分，只是基於地質因素，使它們被集中濃縮起來。通常含有高濃度金屬化合物的高級礦石，會最先被開採；等它們被採完後，才轉向較低等級的礦石，但這種礦石的開採不僅產量低，且成本較高。最後，當一個國家的礦石耗盡之後，就不得不從其他國家進口金屬或含金屬化合物的礦石（例如美國的鋁礦石已停止開採，因為藏量已經減少到不如從澳洲進口高級鋁礦石還划算的地步）。只是，其他國家的礦石資源也同樣有耗盡之時。

圖 18.13
當開採所耗費的能量遠超過天然資源本身的價值時，這項資源顯然非我們能利用的。例如，世上大多數金子蘊藏在海洋中，但這種金礦濃度太稀，不足以提煉。

我們應該要盡可能節約並回收利用金屬，因爲從回收產品中再造金屬的成本，遠比從礦石中提煉金屬的成本低。我們也需要開發對環境有利的新資源，例如，在海洋底床發現的礦石核中含有 24% 的錳及 14% 的鐵。此外，同樣是在海洋的地底下，也埋藏著大量的銅、鎳、鈷。也許有一天海洋底床的開採，將取代我們現在在陸地上的開採。在不久的將來，說不定在太空的小行星上開採金屬礦，將成爲事實。

18.4 將金屬化合物轉變成金屬

要把金屬化合物轉變成金屬，需要氧化還原反應。還記得《觀念化學 3》的第 11 章提過，氧化是失去電子，還原是得到電子。在金屬礦物中，金屬以帶正電的離子存在，因爲它的一個或多個電子跑到與之結合的其他東西上。想把金屬離子轉變成中性原子，需要讓它們得到電子；也就是必須讓它們還原：

$$M^{+} \quad + \quad e^{-} \rightarrow M^{0}$$

金屬離子　電子　金屬原子

一個金屬離子被還原的傾向取決於它在週期表上的位置，如圖 18.14 所示。在《觀念化學 2》的第 5 章和《觀念化學 3》的第 11 章我們討論過，位在週期表左邊的金屬很容易失去電子，這表示要把電子還給它們是很困難的事，換句話說，它們很難被還原。例如位在週期表左邊的鈉原子，很容易失去電子，因此它的任何化合物往往都非常穩定。

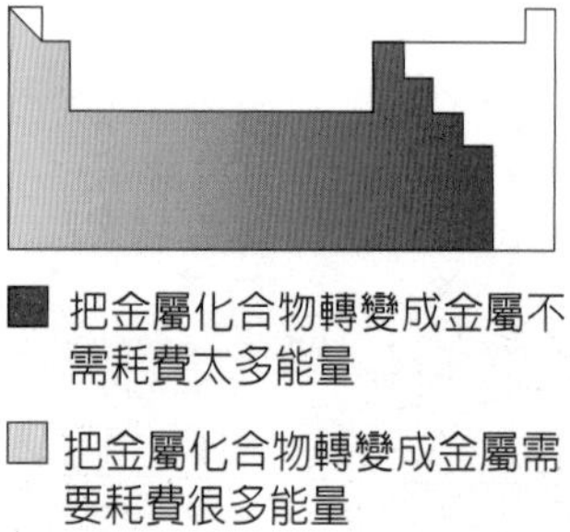
把金屬化合物轉變成金屬不需耗費太多能量
把金屬化合物轉變成金屬需要耗費很多能量

圖 18.14
在週期表左下方的金屬元素離子很不容易還原。因此，從含有這些金屬的化合物中要取得金屬是很耗能的事情。在週期表右上方的金屬所形成的化合物，則不需花很多能量就能還原成金屬。

因此，位在週期表左邊，尤其是左下方的金屬，需要利用耗能的方法來回收，其中包括電解法。如 11.3 節所示，在電解過程中，電流供應電子給帶正電的金屬離子，因而將它們還原。從第一族到第三族的金屬，常以電解方式回收，這些金屬族大多是以鹵化物、碳酸化合物，及磷酸化合物的形式存在。除此之外，鋁也經常以電解方式回收；另外有些金屬在需要高純度時，也是以電解方式取得。圖 18.15 顯示回收純銅所使用的電解反應。

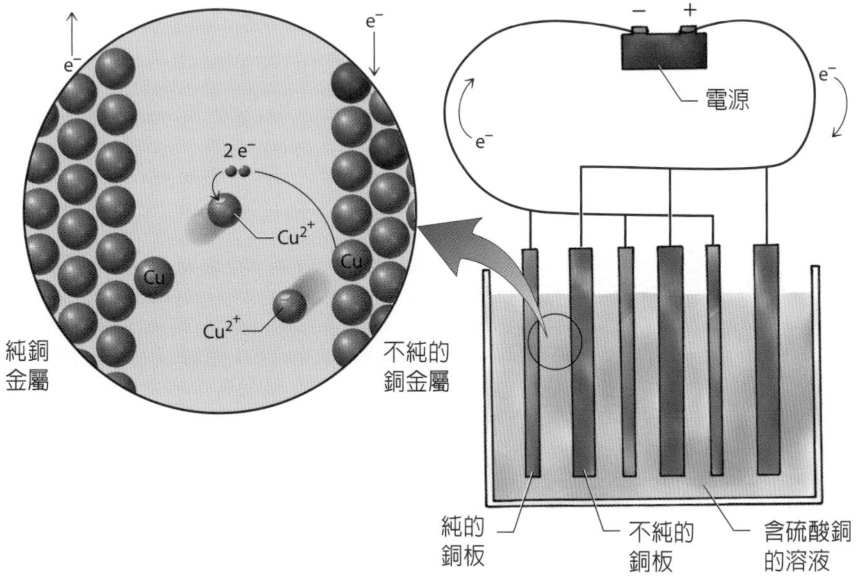

圖 18.15
高純度的銅可由電解方式來取得。當溶液中的銅離子獲得電子，將在負電極析出純銅的沉積物。這些銅離子的來源是由不純的銅所製成的正電極。

觀念檢驗站

Q

爲什麼從第一族金屬的化合物中回收該金屬是如此困難的事？

你答對了嗎？

A

因爲這些金屬離子不容易接受電子，難以形成金屬原子。

提煉自金屬氧化物的金屬

含有金屬氧化物的礦石可以利用鼓風爐，有效的轉變成金屬。首先，將石灰石及焦煤與礦石相混（焦煤是一種來自煤炭的濃縮碳）。把產生的混合物放進鼓風爐中，使焦煤被點燃成爲燃料。在高溫下，焦煤也擔任還原劑的角色，提供電子給氧化物中帶正電的金屬離子，使它們還原成金屬原子。右頁圖 18.16 顯示以這種方法從氧化鐵中提煉出鐵原子。

在鼓風爐中，石灰石與礦石的雜質（主要是矽化物）反應，形成熔渣（slag），裡面主要的成分是矽酸鈣：

$$SiO_2(s) + CaCO_3(s) \rightarrow CaSiO_3(l) + CO_2(g)$$

$SiO_2(s)$	$CaCO_3(s)$	$CaSiO_3(l)$	$CO_2(g)$
矽砂（礦石中的雜質）	石灰石	矽酸鈣（熔化的礦渣）	二氧化碳

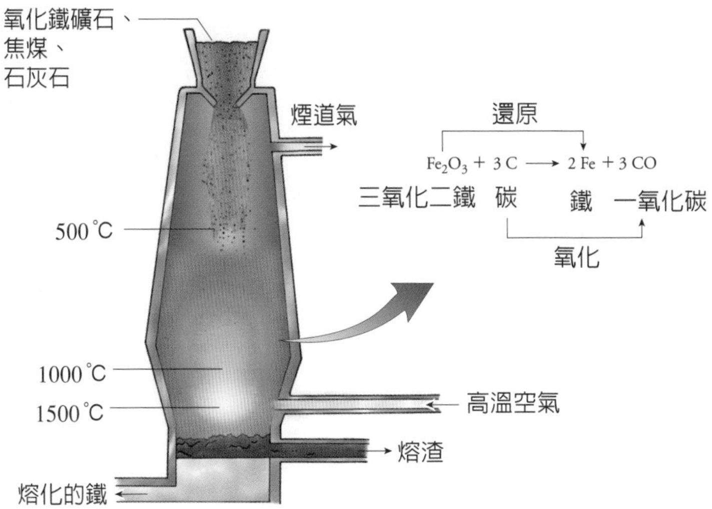

圖 18.16
把含氧化鐵的礦石、焦煤及石灰石的混合物丟進鼓風爐中，讓氧化鐵中的鐵離子還原成鐵原子。

由於爐內溫度很高，使金屬和礦渣都被熔化。它們流到爐底，堆積成兩層，密度較低的熔渣位在上層，下層的金屬則經由爐底一個開口被輕輕敲下來。

一旦冷卻後，這些從鼓風爐冶煉出來的金屬稱做鑄金屬（如果我們稱一開始的礦石爲鐵礦石，則它的鑄金屬便稱做生鐵，pig iron）。鑄金屬柔軟易碎，因爲它仍含有許多雜質，像是磷、硫、碳等物。想要移除這些雜質，可在鹼性氧氣爐內將氧氣吹入熔化的鑄金屬中，如圖 18.17 所示。氧氣可以氧化雜質，形成熔渣浮在表面上，將這層廢物撇除，就能得到純化的金屬。

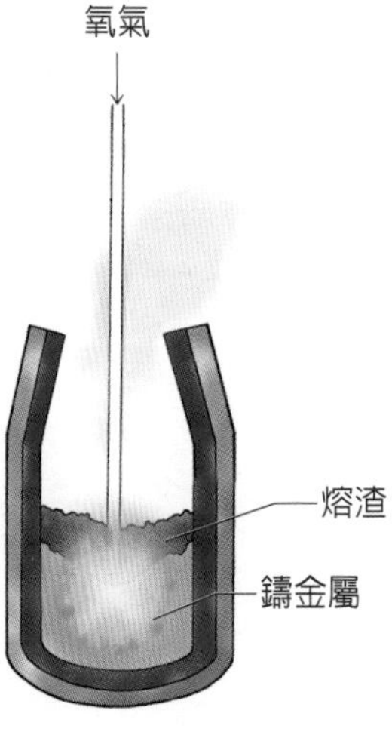

圖 18.17
把氧氣吹入鹼性氧氣爐內，可以氧化鑄金屬中的許多雜質，待產生的熔渣浮出表面時，再將它們撇除。

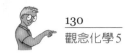

大多數的磷、硫等雜質會在這個步驟中被移除，但純化的金屬中仍有 3% 左右的碳。在製鐵的過程中，少量的碳是必要的。我們知道鐵原子很大，當它們疊在一起時，原子和原子之間會出現小空隙，如圖 18.18 所示。這些空隙容易削弱鐵的結構，然而碳原子很小，能填入這些空隙中，穩固鐵的結構。經由少量的碳強化過的鐵，稱做**鋼鐵**。想防止鋼鐵生鏽，可以在鋼鐵中摻入不會被腐蝕的金屬，像是鉻或鎳。如此產生的合金稱爲不鏽鋼，可用來製造餐具及各種其他的用品。

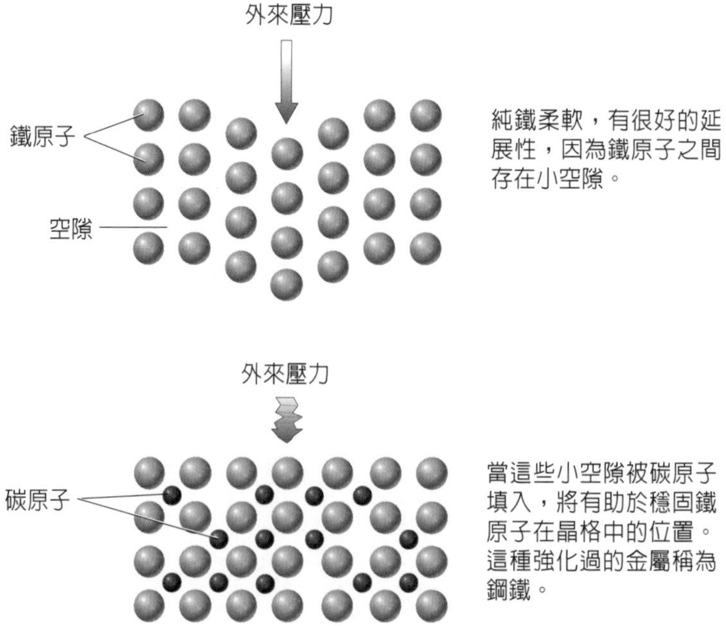

外來壓力
鐵原子
空隙
純鐵柔軟，有很好的延展性，因為鐵原子之間存在小空隙。
外來壓力
碳原子
當這些小空隙被碳原子填入，將有助於穩固鐵原子在晶格中的位置。這種強化過的金屬稱為鋼鐵。

圖 18.18
鋼鐵的結構比純鐵強韌，因為它含有少量的碳原子。

提煉自金屬硫化物的金屬

金屬硫化物可採取浮選法（flotation）來純化金屬，此技術是利用金屬硫化物不具極性的特質，使它能被油吸引。首先得將含有金屬硫化物的礦石磨成細粉末，然後用力的與質輕的油與水相混。再將壓縮的空氣從混合物底部向上灌。當氣泡升起時，它們的表面會覆上一些油與金屬硫化物顆粒。因爲在液體表面，這些覆上金屬硫化物的氣泡會形成漂浮的泡沫，只要將這些泡沫從表面撇除，就能得到純化的物質。

如此收集到的金屬硫化物，再送進有氧的環境中烘烤。所得到的淨反應是硫化物中的S^{2-}氧化成二氧化硫中的S^{4+}，而金屬離子則還原成金屬元素：

$$\underset{\text{金屬硫化物}}{MS\,(s)} + \underset{\text{氧氣}}{O_2\,(g)} \rightarrow \underset{\text{金屬}}{M\,(l)} + \underset{\text{二氧化硫}}{SO_2\,(g)}$$

從黃銅礦（最常見的銅礦石）中純化銅，則需要多加幾個步驟，因爲其中還含有鐵。首先，在有氧的情形下烘烤黃銅礦：

$$\underset{\text{黃銅礦}}{2CuFeS_2\,(s)} + \underset{\text{氧氣}}{3O_2\,(g)} \rightarrow \underset{\text{硫化銅}}{2CuS\,(s)} + \underset{\text{氧化鐵}}{2FeO\,(s)} + \underset{\text{二氧化硫}}{2SO_2\,(g)}$$

再將反應產生的硫化銅和氧化鐵丟進鼓風爐中，與石灰石（碳酸鈣）和沙子（二氧化矽）相混，使硫化銅轉變成硫化亞銅。石灰石和沙子則形成熔化的礦渣（$CaSiO_3$），氧化鐵便熔化在其中。熔化的硫化亞銅會沉到爐底，密度較低的含鐵熔渣則浮在硫化亞銅上方，並被排出。最後將分離出來的硫化亞銅烘烤成金屬銅：

$$Cu_2S\,(s) + O_2\,(g) \rightarrow 2Cu\,(l) + SO_2\,(g)$$

硫化亞銅　氧氣　金屬銅　二氧化硫

烘烤金屬硫化物需要消耗大量的能量。再者，產生的二氧化硫是一種有害的氣體，會造成酸雨，因此得控制它的排放量。很多公司為了符合美國環境保護局的標準，都把二氧化硫轉變成可以出售的硫酸。

觀念檢驗站

Q　爲什麼鐵金屬不常以烘烤鐵礦石的方式來提煉？

你答對了嗎？

A　大多數鐵礦石中的鐵屬於氧化鐵，因此比較適合用鼓風爐來提煉鐵金屬。

18.5 玻璃主要來自矽酸鹽

先前我們提到熔渣中的主要成分是矽酸鈣，早在公元前 500 年，金屬工人就注意到固化的熔渣，其特性與那些珍貴的天然火山琉璃（黑曜石）沒什麼兩樣。很快的，人們開始嘗試以不同的組合來加熱各式各樣的岩石。結果產生了很多種顏色的熔渣，其中有一些還是透明的。當我們把這種硬化的熔渣做成珠子、容器或窗子等實用的物品之後，它就成爲大家所熟知的玻璃。

好幾個世紀以來，玻璃的製造技術逐漸進步。愈來愈透明、強韌的玻璃，使很多重要的發明能夠誕生，例如圖 18.19 中的東西。

到了十三世紀，當眼鏡最早在義大利北部出現之後，它的用途迅速傳了開來，並對社會造成重大的影響。因爲有了眼鏡，人們可以一輩子做學問。另一項由玻璃鏡片的進展所帶來的重大成就是望遠鏡的誕生，1610 年伽利略把望遠鏡指向天空，他觀察到木星的軌道上有一些衛星繞行，因而展開天文學的黃金時代。此外，改良的玻璃也使人們設計出可從發酵液中分離出酒精的蒸餾器。蒸餾出來的酒不僅會使人沉醉其中，還有消毒及促使傷口復原的效果。

玻璃是一種無形的材料，在這種物質中，那些次微單位彼此以隨意的方位存在著。這與晶體大有不同，在晶體中，次微單位都排列得很規律，且有週期性（見《觀念化學 2》的 6.3 節）。而且，玻璃可以有許多種化學組成。常見的玻璃是矽酸鈉和矽酸鈣的混合物。它是把碳酸鈉、碳酸鈣、及矽土（二氧化矽）混合加熱後所製成的：

$$Na_3CO_2 + SiO_2 \rightarrow Na_2SiO_3 + CO_2$$

碳酸鈉　　矽土　　矽酸鈉　二氧化碳

$$CaCO_3 + SiO_2 \rightarrow CaSiO_3 + CO_2$$

碳酸鈣　　矽土　　矽酸鈣　二氧化碳

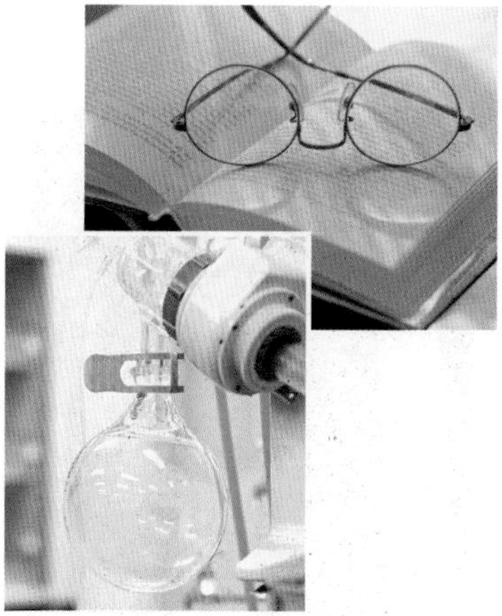

圖 18.19
眼鏡及蒸餾瓶等，都是重要的玻璃發明。

不同添加物會賦予玻璃不同的特性。例如加入氧化鉀（K_2O），可製造出很堅硬的玻璃，常用在光學儀器上。當加入氧化鉛，玻璃的密度提高，且有較高的折射率（這表示它容易將入射的白光折射出彩虹的顏色），這種玻璃就叫做水晶玻璃，因為它們的特性類似真正的晶體，例如石英，這是由二氧化矽形成的晶體。

加入三氧化二硼，可以顯著降低玻璃遇熱膨脹及遇冷收縮的速率，這使玻璃可以承受溫度突然的變化而不會破裂。這種玻璃叫做派熱司玻璃（Pyrex glass），多被用來製造實驗用的玻璃器皿及廚房的炊具。如果要使玻璃產生顏色，還可以加入各種化學物質。添加氧化鈷會產生藍色玻璃，被應用在餐具中。加入鍺元素會使玻璃呈現紅色，鈦元素則使玻璃變黑色。製造玻璃的藝術家實驗了各種化學添加劑，來產生五顏六色的玻璃，如圖 18.20 所示。

圖 18.20
玻璃可以變成一種藝術形式。

玻璃有種種驚人的物理特性。它很容易熔化，可倒或可吹成任何形狀，並在冷卻後保持該形狀。再者，玻璃片彼此可以熔合在一起，形成密封狀態，無須借助黏膠或水泥，這使得許多精緻的玻璃製品可以誕生。玻璃是透明且具有抵抗力的東西，即使是腐蝕性很強的強酸也不怕，這也是爲什麼實驗室裡的化學反應通常在玻璃器皿中進行。細長的玻璃纖維束有足夠的柔軟度，可裝入綿延幾百公里的電纜中，即所謂的光纖電纜（fiber optic cable），可以讓光脈衝在裡面行進，並以驚人的效率輸送資料訊息。

和紙、塑膠、金屬等材料不同的是，幸好製造玻璃的起始原料很豐富，目前還不會立即發生玻璃短缺的問題。不過，我們還是可以藉由回收玻璃來節省資源。從回收的玻璃製品中再造新玻璃所耗費的能量，是從原始原料製造玻璃所耗費能量的 70% 而已。從各方面看來，玻璃顯然已成爲人類最棒的便宜貨之一。

18.6 陶瓷遇熱會硬化

濕黏土是氧化鋁和氧化矽被水包圍成的微囊，所構成的混合物。它們很容易塑形，因爲水可做爲一種潤滑劑，使這些微囊彼此交錯滑過。乾燥之後，微囊被固定在特定的位置，使黏土的形狀穩固。若把乾黏土加熱到很高溫，會造成氧化矽熔化成玻璃，冷卻後，可將微囊黏結在一起。此時，黏土就被轉化成堅硬、防水的陶瓷，可做爲實用的器皿或其他多種產品，如圖 18.21 所示。

圖 18.21
陶瓷製品可以做為實用又美觀的器皿。

一般而言，任何受熱硬化的固體都可稱之爲陶瓷。現代陶瓷中含有非金屬元素，例如氧、碳或矽；也含有金屬元素，像是鋁或過渡金屬。與金屬不同的是，陶無法敲打成薄片或拉成細線塞入電線中。陶瓷容易破裂，你要是不慎讓一個陶製餐盤落地，就會見識到它們的脆弱。不過陶瓷在某些方面的應用卻勝過金屬，例如，陶瓷能夠耐受極高的溫度而不會熔化或受損，而且它們質地輕巧卻很堅硬。有一種現代陶瓷幾乎和鑽石一樣堅硬，就是碳化矽，又稱金剛砂。這種質輕的陶土不會傳熱，且能承受高達 2000℃ 的溫度。這些特性使陶瓷很適合做爲飛行器（例如太空船）的表面塗料，以抵抗這些飛行器重返地球大氣層時所遇上的極度高溫。渦輪引擎的某些組成，也是用碳化矽或類似的氮化矽陶土製成的。

現代陶瓷也是製造汽車引擎及零件的理想物質。由於引擎的效率會隨著逐漸高升的運轉溫度而提升，但今日的金屬汽車引擎因爲運轉溫度必須低於金屬的熔點，所以相當沒有效率。也因爲如此，汽車需要冷卻器將熱能移除，而損失了大約 36% 的寶貴能量。

既然如此，爲什麼不用陶瓷來製造引擎呢？簡單的回答是，因爲陶瓷無法像金屬那樣可彎曲、變形，來承受撞擊的力量。目前有研究者正努力解決陶瓷脆弱的問題，也有些初步的成果。例如，在嚴密監控起始原料與製造過程下，可以生產出不易破裂的陶瓷。下一節我們將提到把陶瓷與其他原料混合所製成的複合物，可以抵抗陶瓷的脆弱特質。

日本正在研發主要以陶瓷零件構成的引擎，目前已有一款特製的強力轎車，標榜小巧的陶瓷引擎及不具冷卻器的特質。這種汽車會利用熱能而不是將它排放掉，類似美國能源部研發的陶製渦輪引擎原型。美國的版本是以兩個耐用的氮化矽燃氣渦輪取代活塞，這種設計是爲了讓引擎可以在高達 1300℃ 的溫度下運轉，以提高引擎的效率，並減少廢氣的排放。

陶瓷超導體沒有電阻

在一般的電導體（例如銅線）中，移動的電子流（即電流）往往會與導體本身的原子相撞，使它們的部分動能以熱的形式轉移給導體，消散在環境中。當電能經過長距離的輸送，這種熱能流失的情況會逐步增加。這意味著發電廠產生的電能，有一部分在運輸的過程中消失，而無法抵達消費者那裡。1980 年代末，研究人員發現以特殊配方製成的陶化物，當浸入 －196℃ 的液態氮中，會完全失去電阻。在這種導體中，電子會以避免撞上原子的途徑前進，使它們暢行無阻。研究人員觀察到，在這種導體中，電流可以穩定的維持好長一段時間，而沒有明顯的流失。這種陶瓷因而被稱做**超導體**，它的電阻是零，通過的電流不會降低，也不會生熱。

傳輸電能是陶瓷超導體的主要應用之一，這種能量甚至可以保存在由超導材料製成的圓形大迴路中，以供稍後使用。可惜，陶瓷容易破碎，且無法被延展成電線。解決這種機械問題的方法，是利用一種有機熱塑性物質，使超導陶瓷的起始物質成為均勻的混合物。在溫熱的情況下，這種混合物可以被拉成細長的纖維，再烘烤成一種媒材。當纖維在液態氮中冷卻後，它們便具有超導性。不過，另一項技術上的困難是，現今的陶瓷在遇上強大的電流時，會失去它們的超導性。

目前我們對於陶瓷超導性的機制，尚未完全明瞭，大多數的進步還是得從嘗試錯誤中學習。也許一旦其中的祕密被解開後，許多應用陶瓷超導體所遭遇的障礙，將一一被克服，並把它們的潛能發揮到極致。未來甚至有可能設計出室溫下的超導體，到時就可以省卻不算太貴卻很笨重的液態氮或其他冷卻劑。

18.7 複合材料

熱固性塑膠（詳見《觀念化學 3》的 12.4 節）十分強韌，就像各種聚合性纖維。如果把這兩種東西結合起來，你就會得到**複合材料**，它的強度是前者的兩倍以上，但質地卻一樣輕巧。把纖維併入任何一種熱固性媒材（例如熱固性塑膠、陶瓷）或是金屬，便可以製成複合材料（如用來製造輕型自行車的碳纖維、製造遊艇的玻璃纖維等）。

自然界有很多複合材料的例子。一棵樹可以長得高大壯碩且枝葉繁茂，是因為它是柔軟的纖維素纖維浸潤在木質素基質中所形成的一種複合物，如 18.1 節中所述。貝殼和石灰石都是碳酸鈣構成的物質，但是貝殼比石灰石堅硬多了，因爲它們是多肽鏈纖維嵌入碳酸鈣結晶所形成的複合物。自從人類懂得將稻草與黏土相混合以來，許多複合物不斷被製造出來。稻草不僅使陶罐、陶磚更堅硬，也能防止它們在黏土變乾後龜裂。

複合材料的工業製造在 1960 年初期隨著玻璃纖維的發明而展開，當時人們把短的玻璃纖維混入某種熱固性樹脂中，製成玻璃纖維複合物。這種複合物堅韌、輕巧、製作成本也不高，因此廣泛應用於海洋、造屋、工程、運動、及工業等方面。

高級複合材料是最堅韌的新型複合材料，它裡面的纖維在嵌入樹脂以前已並列或交織好了。高級複合材料在纖維並列的方向上十分強韌，但與纖維垂直的方向則十分脆弱。不過，只要把一層一層的纖維以不同的角度組疊起來，如膠合板（一種常見的複合材料）那樣，便可以克服這種方向性的脆弱問題。當纖維織成立體的網絡，便可以增加複合材料在各個方向的強度。除了強度驚人，高級複合材料的質地輕巧也是出了名的，這使它們成爲汽車零件、運動用品、人造義肢的理想材料。不過，高級複合材料的產品往往不便宜，因爲很多都還是手工製造的。

圖 18.22
完全由複合材料製成的旅行者號。

現在，許多飛機零件甚至整架飛機都是用輕巧的高級複合材料打造的，目的是要節省燃料。1986 年，完全由複合材料製成的旅行者號（如圖 18.22 所示）是世上第一架環繞地球飛行一圈，而無需中途加油的飛機；現在許多私人噴射機也都用複合材料製造。有朝一日，一般大眾將有機會搭乘由複合材料製成的省油又抗壓的飛機。目前，我們所搭乘的客機多是由金屬製成的，因爲這種材料的成本相對而言還是比較經濟。

航太工業對高級複合材料特別感興趣，因爲它們輕巧，又可以承受飛行器可能遇到的極端壓力與溫度。專家們正致力於研發一種可重複發射的太空飛行器，使它能夠比現今的太空梭更有效率的把所載運的東西送進太空軌道。美國先前所研發出的原型之一是 X-33 國家航太飛行器，如圖 18.23 所示。

也許有一天，用來製造航太飛行器的材料也能被應用在商用客機。飛行速度比聲音傳導快許多倍的超音速飛機，從美洲越過太平洋到澳洲的航程，將可由 16 小時縮減到 3 小時。更吸引人的是，這種飛機在飛行高度勢必很高的情形下，機上乘客將能從高空中看見地球的圓弧形邊緣。

圖 18.23
未來的太空船，如圖中顯示的 X-33 原型，將大幅仰賴高級複合材料的開發與應用。

生活實驗室：自製複合物

如果把一層乾掉的白膠拉開，很容易就可以撕成兩半；把一條縫紉線用力一扯，縫紉線也很快的斷成兩條。但是如果把白膠和許多縫紉線相混，可以產生很不容易拉斷的複合物。不過，只有在與線平行的方向上才是這樣。現在，由你來製造這種複合物，並且測試它的強度。

■ 請先準備：

白膠、縫紉線、鋁箔紙、剪刀。

■ 請這樣做：

1. 在鋁箔紙上擠出三條白膠，每一條大約 4 到 8 公分長，2到3公分寬。
2. 在其中一條白膠上，放進一些縫線，方向必須與白膠的長邊平行。此外，放入的縫線數量要足以讓每條縫線的間隔不超過 0.5 公分。

3. 在第二條白膠上，放進一些縫線，其中有一些與白膠的長邊平行，有一些則與之垂直。放入的縫線數量也要足以讓彼此的間隔不超過 0.5 公分。
4. 在白膠完全乾燥之後，把這三條膠帶從鋁箔紙上取下，並修去鬆脫的線頭。把這三條帶子以不同的方向拉扯，比較它們的強韌度。

生活實驗室觀念解析

當你在白膠中鋪入大約十條左右的平行縫紉線，已經具有可觀的強度。若是白膠上鋪著數百條線，它的強度可想而知。

複合物的強度只有在與纖維方向平行時，才能達到最大值。因此由不同方向的纖維交織成的複合物，在各個方向上都可能展現最大的強度。在某些形式的玻璃纖維中，強化玻璃的纖維似乎是以任意方向鋪排。這種隨意的排列可能降低任何方向的強度，但卻使整體的強度達到最佳狀態。

想一想，再前進

科技的進步有賴適當材料的研發與問世。當初哥倫布登陸美洲新大陸時，靠的是堅固耐用的帆布、粗麻繩以及用金屬固定的木板船殼。同樣的，我們的夢想將停留在想像中或是轉變成事實，也要視我們能利用的材料而定。今天，由於有很多特殊的材料陸續問世，使我們可以在光纖電纜中傳輸資訊、翱翔在天際，甚至飛向火星及更遠的太空。這一切在在顯示材料科技的進步，讓人類的探索精神比從前任何時代更能充分的發揮。

關鍵名詞解釋

金屬鍵 metallic bond　在一塊金屬固體中，金屬離子與流動電子之間形成的一種化學鍵，使金屬離子彼此聚在一起。（18.3）

合金 alloy　兩種或更多種金屬元素的混合物。（18.3）

礦石 ore　蘊藏大量的單種或多種金屬化合物的地質沉積物。（18.3）

鋼鐵 steel　以少量碳強化過的鐵。（18.4）

超導體 superconductor　任何零電阻的物質。（18.6）

複合材料　composite　在任何熱固性媒材中摻入纖維所產生的強化物質。（18.7）

延伸閱讀

1. 芬尼契爾（Stephen Fenichell）所著的《塑膠──合成世紀的推手》（*Plastic: The Making of a Synthetic Century*），HarperCollins, 1997。

   本書從歷史角度探討塑膠的發明對人類社會帶來的深遠影響。

2. http://www.invent.org

   這是美國國家發明者名人堂的網站。從這個網站上可以找到本章提及的發明家的更多資料。

3. http://www.steelnet.org

   這是美國鋼鐵製造業協會的網站。

第18章　觀念考驗

關鍵名詞與定義配對

合金	礦石
複合材料	鋼鐵
金屬鍵	超導體

1. ______：一種化學鍵，使固體金屬內的金屬離子因爲電子流的引力而被約束在一起。
2. ______：兩種或更多種金屬元素的混合物。
3. ______：一種地質沉積物，含有相當高濃度的金屬化合物。
4. ______：加入少許碳而使結構強化的鐵。
5. ______：任何一種電阻爲零的材料。
6. ______：任何由纖維強化的熱固性媒材。

分節進擊

18.1　紙是由纖維素構成的

1. 植物的什麼成分最常被用於造紙？
2. 紙在何時傳入歐洲？
3. 什麼是長網造紙機（福得林造紙機）？它的發明帶來怎樣的影響？

4. 人們何時開始利用樹木造紙？

18.2 塑膠：科學實驗意外發現

5. 修班如何發現硝化纖維素？
6. 什麼化學物質讓賽璐珞成爲可用的材料？
7. 賽璐珞主要的缺點是什麼？
8. 誰提供貝克蘭經濟資源，使他發明出電木？
9. 什麼事情促使布蘭登柏格想用黏膠製造透明的薄紙？
10. 化學家如何將玻璃紙轉變成不透水氣的包裝紙？
11. 第二次世界大戰初期，日本侵略馬來西亞的主要動機爲何？
12. 什麼樣的聚合物在開發可以安裝在飛機上的輕型雷達時被派上用場？
13. 鐵氟龍在二次世界大戰期間扮演怎樣的角色？

18.3 金屬來自地球有限的礦石資源

14. 金屬化合物中有哪五種常見的負離子？
15. 哪一類金屬化合物最易溶於水？

18.4 將金屬化合物轉變成金屬

16. 哪一族的金屬要從金屬化合物中回收時，需耗費最多的能量？
17. 當鐵離子在鼓風爐中被還原成中性的鐵原子時，所需的電子從哪裡來？
18. 在提煉銅金屬時，礦石中的硫化銅與氧化鐵在鼓風爐中如何被分開？

18.5 玻璃主要來自矽酸鹽

19. 玻璃的發明與進展如何影響人類的歷史？
20. 玻璃與晶體有何不同？

21. 水晶器皿眞的是由水晶製成的嗎？
22. 彩色玻璃是怎樣製成的？
23. 回收玻璃有什麼好處？

18.6 陶瓷遇熱會硬化

24. 陶瓷是什麼東西？
25. 陶瓷汽車引擎比金屬製的汽車引擎好在哪裡？
26. 陶製品主要的缺點是什麼？
27. 陶瓷會導電嗎？

18.7 複合材料

28. 什麼是複合材料，自然中有什麼例子？
29. 目前在哪些產業常見到複合材料的應用？
30. 爲什麼複合材料是製造飛機的理想物質？

高手升級

1. 紙張和煮熟的義大利麵有什麼相似之處？
2. 用樹木造紙，有什麼優缺點？
3. 用工業用大麻造紙，有什麼優缺點？
4. 在落葉中，原本使樹木纖維結合在一起的木質素，會受到眞菌分解，使落葉腐爛。這些眞菌可以怎樣被應用在紙的製造上？
5. 在聚合物的進展歷史中，「意外的發現」扮演怎樣的角色？試舉幾例。
6. 火棉膠和賽璐珞有什麼不同？
7. 賽璐珞和玻璃紙在化學上有什麼不同？

8. 剛切開的賽璐珞鋼筆桿，爲什麼聞起來有樟腦的味道？
9. 爲什麼賽璐珞這麼容易燃燒？
10. 在《觀念化學3》的第 12 章，我們介紹過密胺樹脂（Melmac）這種熱固性聚合物。請問電木和密胺樹脂的化學結構有什麼異同？
11. 請將下列這些塑膠依照發明的年代先後排序：玻璃紙、賽璐珞、火棉膠、尼龍、帕克賽因、PVC、鐵氟龍、黏膠？
12. 爲什麼礦石這麼有價值？
13. 只有第一族金屬元素會形成鹵化物嗎？
14. 金屬和金屬化合物有什麼不同？
15. 我們利用物理和化學性質的差異，將金屬礦石從岩石中分離出來。請舉例說明內文中提到的哪些方法是利用物理特性的差異，哪些方法是利用化學特性的差異。
16. 鐵可以將銅離子還原成銅金屬。我們是否也能利用鐵將鈉離子還原成鈉金屬？請說明原因。
17. 我們眞的缺乏足夠的金屬來經營工業化的社會嗎？我們的地球基本上不就是由金屬構成的嗎？
18. 透明的玻璃是勻相還是非勻相的混合物？
19. 玻璃在何種情況下不易碎？
20. 飲料商品經常以塑膠及玻璃瓶罐來盛裝並運輸。爲什麼用玻璃瓶罐裝所引起的空氣汙染，可能比用塑膠瓶罐裝還嚴重？
21. 在什麼情況下玻璃就好像黏膠那樣，可以把陶瓷黏起來？
22. 如果引擎的效率隨著溫度的增高而提升，爲什麼傳統的汽車還要安裝冷卻器來使引擎降溫？
23. 膠合板在什麼方向上最脆弱？爲什麼？
24. 光是靠混凝土的硬度不足以建造大型的建築物。工程師如何克服這種弱點？

焦點話題

1. 從經濟、環境、政治等立場來考量，本章所提到的物質有哪些是很值得回收再利用的？試說明之。
2. 政府是否應該強制要求某些資源的回收？如果是，這樣的政策該如何執行？
3. 在資源回收的過程中，可能會遇到什麼樣的障礙？你住的社區該如何克服這些障礙？
4. 如果你可以選擇從現代的產品目錄或 1930 年代的產品目錄中選購東西，你認爲哪一份目錄提供的產品比較多種？你會選擇哪一份目錄？爲什麼？

19

能源

人口愈來愈多，我們所仰賴的化石燃料卻愈來愈少！

所以很快的，我們就要進入新式能源的世紀。

可以想像你的未來生活，

是開著省能源、低汙染的氫氣燃料車，

住在完全由太陽能供應冷、暖氣的房子裡嗎？

這一章，要你朝新能源科技邁進！

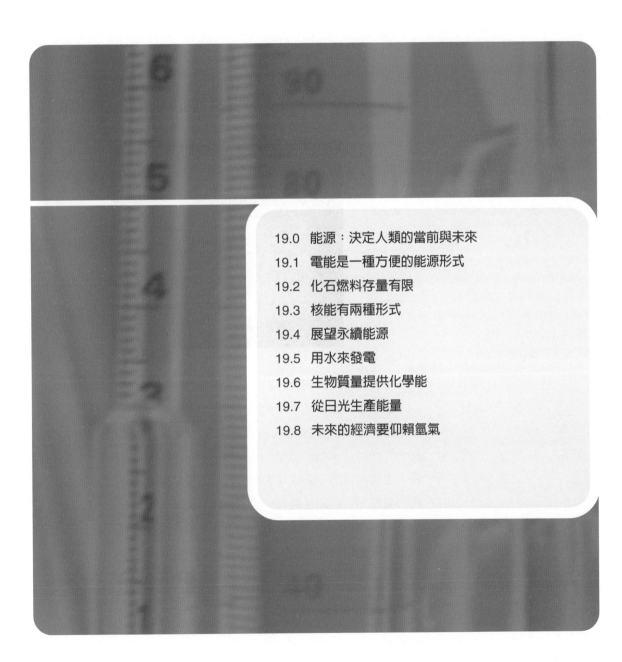

19.0 能源：決定人類的當前與未來

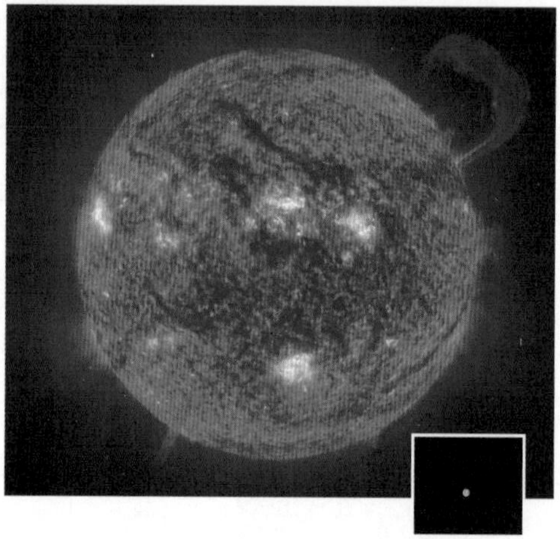

圖 19.1
太陽是巨大的能源庫。

當人類探勘新能源時，很自然會想到太陽。不過，我們從太陽感受到的溫暖，並不是因爲太陽很熱，因爲太陽的表面溫度大約6000℃，並沒有比熱銲槍的火焰溫度高。事實上，我們覺得太陽溫暖，主要是因爲太陽實在很大。看看上面的照片右下角那個畫上去的小藍點，大約就是地球相對於太陽的大小。由此可見，當我們想到可能的能源時，這個位在太陽系核心的巨大能源庫，就成了眾所矚目的焦點。

每當我們燃燒植物材料時，我們等於把經由光合作用捕捉到的太陽能，再度釋放出來。當我們燃燒化石燃料時，也會釋出太陽能，因爲化石來自動植物的遺骸。水力發電的水壩需要仰賴水的循環，這也是受到太陽輻射的驅動。風車利用風發電及打水，而風的存在是因為太陽對地球的增溫速率因地而異。還有光伏打電池（太陽能電池）在接觸到太陽輻射時，會直接產生電流。

此外，目前還有一些無需仰賴太陽的能源可以利用，包括核能、地熱能及潮汐能。所有可用的能源，不論是什麼來源，都必須以燃料或者電能的形式傳遞給使用者。電能的好處是它可以傳遞到許多地方，這種特性使電能成為最方便的能源形式。不過，生產電能需要其他能源的輸入，例如燃燒某種燃料。因此，這章一開始我們先大致介紹電能怎樣產生，以及如何測量它的消耗。

19.1 電能是一種方便的能源形式

電能源自電子的流動。當金屬電線被迫通過一個磁場時，就會造成金屬鍵的電子流動。把電線纏繞成許多圈，並讓這些線圈在強大的磁場中旋轉，電力公司便能夠產生足以點亮整座城市的電能。下頁圖 19.2 顯示這種發電器。

把電線圍著鐵條纏繞成許多圈，形成所謂的電樞（armature），電樞與槳輪組成的渦輪（turbine）相連。來自風力或水力的能量可以使渦輪轉動，並帶動電樞旋轉。不過，大多數的商用渦輪都是蒸氣渦輪，表示它們是由水蒸氣來驅動。這些水蒸氣是經由把水煮沸而來，因此需要消耗能源，通常用的是化石燃料或核燃料。

比蒸汽渦輪更有效率的燃氣渦輪（gas turbine）目前還在研究中，它是利用酒精蒸氣和輕量的碳氫化合物燃燒產生的氣體來驅動，而不是由水蒸氣驅動。

圖19.2
圖示發電機的基本構造。當電線在磁場中轉動時，將使線圈中產生電流。轉動造成電線裡的電子來回擺盪，由於電子在移動，使它們展現動能，因此有作功的能力。

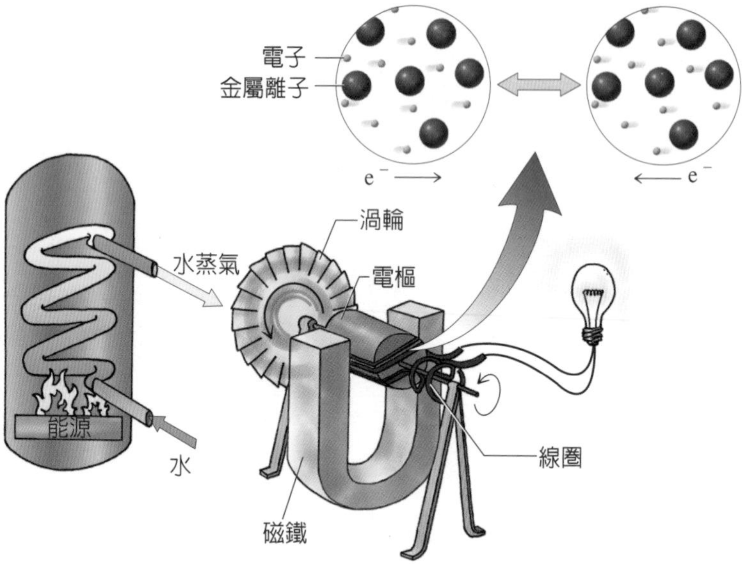

觀念檢驗站

Q

你認爲電能應該是一種能源，還是一種能量的攜帶者？

你答對了嗎？

A

電能是可以直接經由電線傳輸的能量，因此可將它視爲能量的攜帶者。沒錯，電能可以用來點亮燈，但是這種能量的來源可不是電。所以電能只是輸送發電器所產生的能量，這些能量都來自非電形式的能源，像是化石燃料或風力、水力等。

什麼是瓦特？

功率（power）的定義是電能（或其他種能量）消耗的速率。功率的單位是**瓦特**（watt），1 瓦特等於每秒 1 焦耳：

$$1\text{瓦特} = \frac{1\text{焦耳}}{1\text{秒}}$$

瓦特數高，表示能量消耗的速率很快。好比說，一顆 100 瓦特的燈泡表示每秒消耗 100 焦耳的能量；40 瓦特的燈泡表示每秒消耗 40 焦耳的能量。

美國一般家庭的用電速率大約是每秒 800 焦耳，或 800 瓦特。在人口 100,000 的小城鎮，這樣的速率加起來是 80,000,000 瓦特或 80 百萬瓦特（MW）。但這只是一般的能源消耗速率，在用電的巔峰期，發電廠有時生產的電能必須是平時的 4 倍才足以應付用戶。這就是爲什麼一些小城鎮需要可以生產 300 百萬瓦特或更高功率的發電廠。

今天的發電廠很容易滿足這種需求。一個典型的火力發電廠能生產 500 百萬瓦特（MW）的電力；一個大型核能發電廠可以生產 1,500 百萬瓦特的電力；而一個大型水力發電用的水壩則可以生產超過 10,000 百萬瓦特的電力。影響發電成本的因子之一是電能的來源。化石燃料和核燃料可以從單一座發電廠中生產數百 MW 的電力，因此可供應廣大的地區，包括整座城市的電力所需。較具規模的經濟，可以使化石燃料及核燃料所得的電力變得相對便宜；至於那些不容易集中的能源，例如風力，則發電成本較高。不過這樣的差距已隨著科技的進步而大幅縮小。

化學計算題：千瓦-小時

仔細瞧瞧你家每個月的電費帳單，你會發現你付的電能費用是以度（也就是**千瓦-小時**）為單位來計算的。1 千瓦等於 1000 瓦特，所以 1 千瓦-小時（kWh）代表每小時以 1 千瓦（每秒 1000 焦耳）的速率所消耗的電量。因此，如果每千瓦-小時的電費是0.15元，一顆電力是 100 瓦特（0.1 千瓦）的電燈泡持續點亮 10 小時，電費將是 0.15 元。

這是怎麼計算出來的呢？

※**步驟一**：以千瓦-小時爲單位，計算消耗的總電能。

$$0.1\text{ 千瓦} \times 10\text{ 小時} = 1\text{ 千瓦-小時}$$

※**步驟二**：計算消耗這些電能所需的費用。

$$1\text{ 千瓦-小時} \times \frac{0.15\text{ 元}}{1\text{ 千瓦-小時}} = 0.15\text{ 元}$$

另外，若是有 10 個 100 瓦特的燈泡，同時點亮 1 小時，電費也是0.15 元。

※**步驟一**：以千瓦-小時爲單位，計算消耗的總電能。

$$10\text{ 燈泡} \times \frac{0.1\text{ 千瓦}}{\text{燈泡}} \times 1\text{ 小時} = 1\text{ 千瓦-小時}$$

※步驟二：計算消耗這些電能所需的費用。

$$1\text{ 千瓦-小時} \times \frac{0.15\text{ 元}}{1\text{ 千瓦-小時}} = 0.15\text{ 元}$$

■ 請你試試：

如果有 10 個 100 瓦特的燈泡同時點亮 10 小時，以每千瓦-小時的電費是 0.15 元來算，請問這樣需要多少電費？

■ 來對答案：

※步驟一：以千瓦-小時爲單位，計算消耗的總電能。

$$10\text{ 個燈泡} \times \frac{0.1\text{ 千瓦}}{\text{燈泡}} \times 10\text{ 小時} = 10\text{ 千瓦-小時}$$

※步驟二：計算消耗這些電能所需的費用。

$$10\text{ 千瓦-小時} \times \frac{0.15\text{ 元}}{1\text{ 千瓦-小時}} = 1.5\text{ 元}$$

19.2 化石燃料存量有限

地球上的化石燃料是幾千萬甚至幾億年前，古代動植物死後被埋入沼澤、湖泊及海床後所形成的東西。這些燃料被用完後，就無法再補充，因此我們稱它們爲「非再生能源」。目前大家對全球化石燃料（包括煤炭、石油、天然氣）的存量有不同的估計。不過，即使最保守的估計，也顯示以目前的消耗速率，可開採的石油存量將在 100 年內耗盡，可開採的天然氣存量也將在 150 年內耗盡。

隨著能源逐漸耗竭，這些珍貴的資源將變得愈來愈昂貴；至於煤炭，則因為存量比較豐富，也許還可以再撐個 300 年。目前全球的能源需求主要還是由化石燃料來供應，其中的 34% 來自石油，27% 來自煤炭，24% 則來自天然氣。爲什麼化石燃料這麼盛行呢？首先，因爲世上許多地區都可以開採得到，如圖 19.3 所示。再者，以每一公克來看，它們儲存的化學能比其他燃料（例如木材）還多很多。第三，它們容易攜帶，而且是汽車的理想燃料。

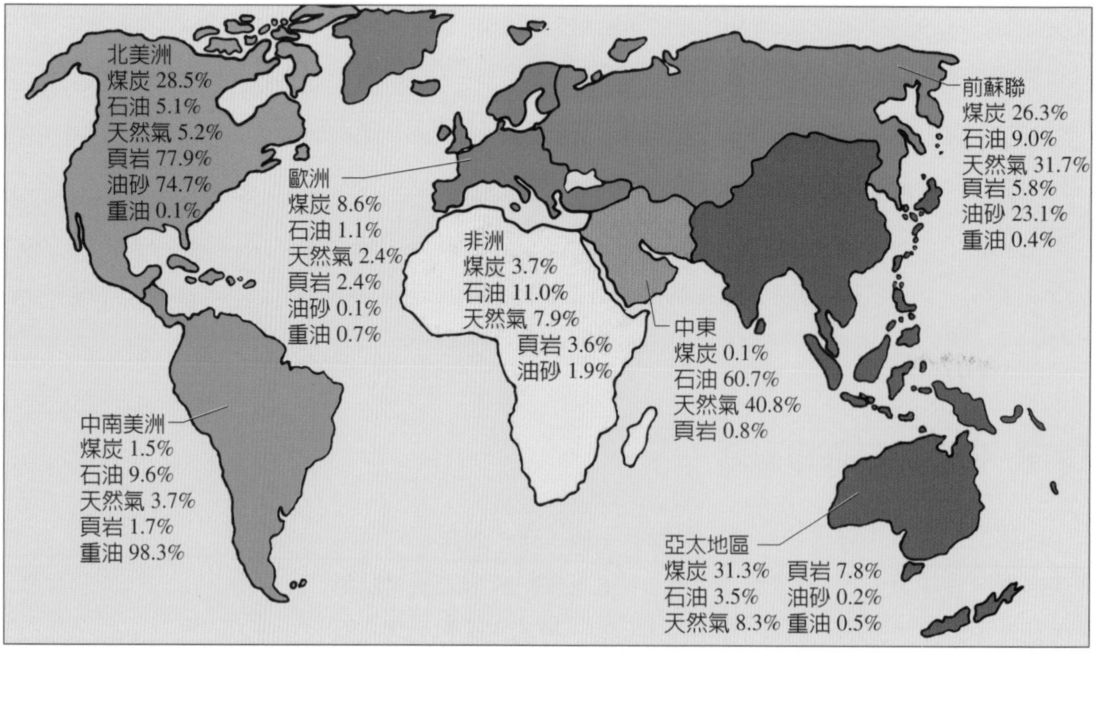

圖 19.3
如圖所示，全球化石燃料的儲存量並未均勻分布。有 61% 的可開採石油及 41% 的可開採天然氣都蘊藏在中東。北美的石油及天然氣藏量相當稀少，但煤炭的供應量則占全球供應量的四分之一以上。

燃燒化石燃料所釋出的氣體，對環境有害。如 17.2 節所討論的，氧化硫、一氧化氮會導致酸雨；這些氣體再加上燃燒化石燃料產生的微粒，是造成都市出現煙霧汙染的元兇。以全球的角度來看，化石燃料的燃燒可能產生巨大的破壞力，就是引發全球增溫效應，如 17.4 節所述。

化石燃料的分子結構可以說明它們的物理狀態。如圖 19.4 所示，**煤炭**的結構是由碳氫鏈與碳氫環緊密結合成的立體網絡；**石油**（也叫原油）則是碳氫分子疏鬆聚集而成的液體混合物，每個碳氫分子上的碳原子不超過 30 個；**天然氣**主要由甲烷構成，它的沸點是零下 163℃。此外，天然氣中還含有較少量的乙烷和丙烷等氣體。

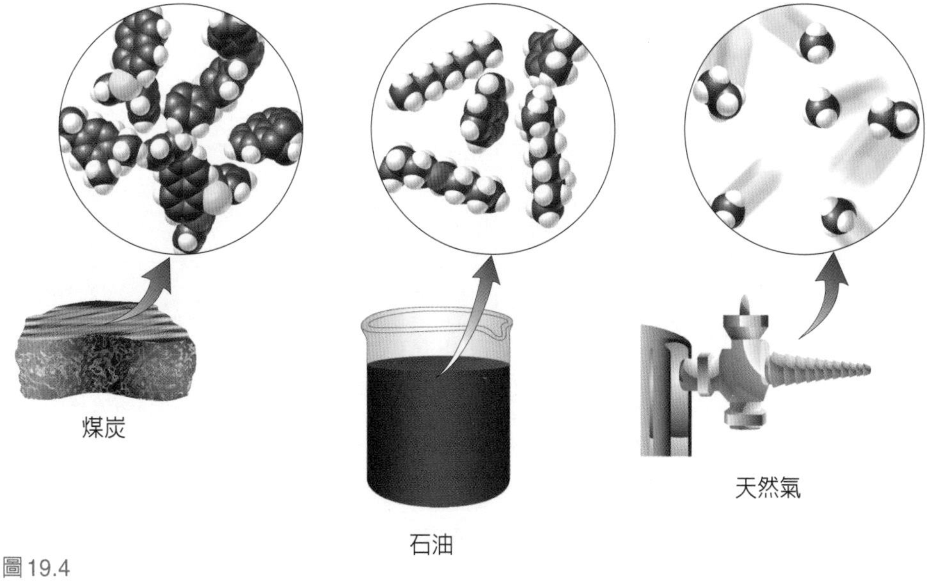

圖 19.4
煤炭、石油、天然氣的分子結構。

有趣的是，化石燃料還有另一種形式，叫做甲烷水合物（methane hydrate）。這種物質大多沉積在海床下幾公里深的地方，不過有些甲烷水合物恰巧就沉積在海床底下，使研究者可以採集到一些樣品。甲烷水合物像是一種白色的冰晶，是由冰凍的水包住甲烷氣體所構成的東西。大多數專家都同意，甲烷水合物的供應量至少可望是煤炭、石油、和天然氣加起來的兩倍。不過，由於開採甲烷水合物比開採煤炭、石油、天然氣還困難許多，這種能源可能還會在海底保留一段時間。

煤炭是最下等的化石燃料

煤炭是地球蘊藏量最豐富的非再生能源。根據估計，全球可用的煤炭量比石油和天然氣加起來的可用量還多 10 倍。不過，雖然煤炭是地球上最豐富的化石燃料，卻也是最劣等的能源，因爲它含有大量雜質，包括硫、有毒重金屬、放射性同位素等。因此，燃燒煤炭等於是把各種汙染物引入大氣中的最佳途徑。人類釋放到大氣中的氧化硫和一氧化氮，分別有 50% 以上及將近 30% 是來自煤炭的燃燒。此外，和其他化石燃料一樣，燃燒煤炭也會製造大量的二氧化碳。

從地底開採煤礦有害人體健康，也對環境不利。礦工從地下開採煤礦，是嚴重威脅健康的危險工作，而且礦區排放的廢棄物也會使鄰近的水道受汙染。這些廢棄物往往容易呈強酸，因爲其中硫化鐵（FeS_2）之類的廢料會發生氧化反應，形成硫酸。當煤礦從地表開採時（即所謂的條狀開採法），對礦工的健康威脅較小，但所換來的是對生態系的破壞；儘管條狀開採比深入地下開鑿還便宜，但修復生態系的成本可能過高。

儘管開採煤礦有這些缺點，但由於煤炭的藏量十分豐富，因此在美國有 30% 的電力還是來自燃煤發電廠。目前已經有幾種方式可以降低燃燒煤炭所產生的汙染。例如，在燃燒前先純化煤炭，或者燃燒後將汙染物濾除；或是改良燃燒過程以提高效率，也能減少汙染物的產生。

在燃燒前純化煤炭的方式，通常是先將煤炭粉碎，然後與清潔劑及水相混。因爲煤炭的密度往往比它的礦物雜質低，所以適度調整溶液的密度，可以使煤炭浮在表面，其餘雜質則沉降到底部，再將它們撇除後，便能將較純的煤炭收集起來。這種純化法稱作浮選法（flotation），將使煤炭本來就不便宜的開採及運輸成本再添一籌。不過，浮選法確實能有效的移除煤炭中大多數的礦物質，其中包括 90% 的硫化鐵。不過，仍有大量的硫以化學鍵結方式被鎖在煤炭中，它們只能藉由燃燒方式釋出。

目前大多數的燃煤發電廠把氣體排放物直接導入洗滌器（如圖 19.5 所示），用以移除燃燒煤炭所產生的二氧化硫。在洗滌器中，二氧化硫與石灰石（碳酸鈣）泥漿接觸後，兩者反應所形成的硫酸鈣固體，可以迅速被收集起來，運送到固體廢棄物處理廠。以這種方法處理，約可移除 90% 的二氧化硫。

過去 20 年來，儘管煤炭的使用量增加了 50%，但以浮選法加上洗滌技術，已使二氧化硫的排放減少 30%。這套辦法雖然可以讓我們樂觀一些，但是我們對煤炭的依賴如此重，未來還是有許多改進的空間；例如，一氧化氮的排放目前依舊持續不減。而且，燃煤發電廠安裝了廢氣洗滌器，會使煤炭中化學能轉化成電能的效率，從 37% 降到 34%。

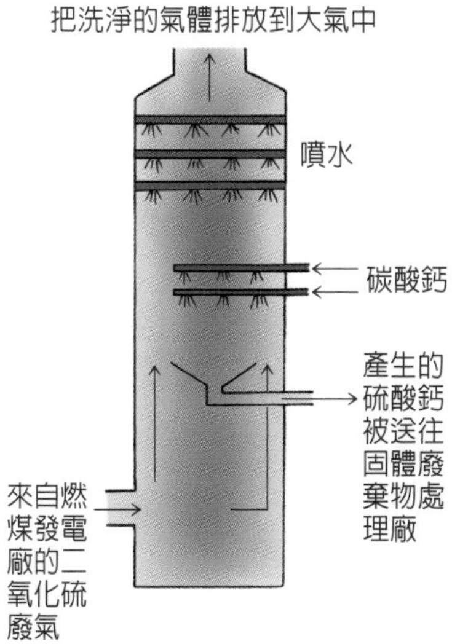
把洗淨的氣體排放到大氣中
噴水
碳酸鈣
產生的硫酸鈣被送往固體廢棄物處理廠
來自燃煤發電廠的二氧化硫廢氣

圖 19.5
洗滌器可以移除燃燒煤炭產生的大部分二氧化硫氣體。

重新設計燃燒方式可以提高能源轉換效率，並減少汙染物。傳統的發電廠是利用焚燒爐燃燒粉碎的煤炭，產生的熱能則使蒸氣管中的水蒸發。較新的焚燒爐則把壓縮的空氣噴進粉碎的煤炭中，使得煤炭懸浮在空氣中燃燒，這樣可以增加煤炭的燃燒效率，並使熱能較易轉移到蒸氣管中。

由於懸浮在空氣中的煤炭燃燒得較有效率，因此可以把燃燒溫度降低一些，如此將使一氧化氮的排放量下降 10 倍（記得在第 17 章我們提過，當大氣中的氮和氧遇到極高溫時，會形成一氧化氮）。另外，懸浮在空氣中的煤炭可以在有石灰石的環境下燃燒，這樣將能移除 90% 以上的二氧化硫，省掉進洗滌器處理的步驟。除掉硫及一氧化氮之後，這些高溫加壓的氣體將被導入一個燃氣渦輪，與蒸氣渦輪共同發電。整體來說，這種系統把煤炭的能量轉化成電能的效率大約是 42%。

未來或許能發展出更有效率的燃煤方式。不過，另一種更大有可爲的方法，是利用加壓蒸氣及氧氣來處理煤炭，以產生不會汙染空氣的燃料氣體，像是氫氣。但無論如何，這些方式畢竟不是長久之計，因爲就像其他化石燃料一樣，煤炭也是非再生能源，如果我們持續燃燒煤炭，總有一天會用盡。

觀念檢驗站

Q 將煤炭當作能源主要的好處是什麼？

你答對了嗎？

A　地球的煤炭藏量很豐富，是一種可供我們長久使用的能源。

石油是化石燃料之王

美國的煤炭藏量遠超過所有中東國家蘊藏的化石燃料的總合。那麼，爲什麼美國還需要從這些國家進口那麼多石油？答案顯然是因爲石油是液態物質，很方便大量的處理。

譬如，你可以這樣想，因爲石油是液態的東西，它們很容易從地底抽取。只要在蘊藏石油的地方鑿個洞，石油就湧出來了，不必像煤礦那樣深入地底去開採。此外，液態的石油運輸起來也很方便，巨大的油輪對石油桶的裝卸都非常容易；而且在陸地上，石油經由管線構成的網絡，就可以輸送到很遠的地方。換成是煤炭的話，首先得用重型機械深入地下開採，然後再以固體貨物的方式運輸，通常是用卡車或貨櫃火車來裝卸。

石油可說是一種多才多藝的能源。它含有所有商業用途的碳氫化合物，是汽油、柴油、噴射燃料、機油、燃油、瀝青等的來源。煉油廠利用分餾法（請見《觀念化學 3》的 12.1 節），可將石油的某碳氫化合物轉化成另一種，以迎合顧客的需求，輸出他們想要的產物。此外，石油所含的硫遠比煤炭少，因此燃燒時產生的二氧化硫也較少。所以，儘管美國蘊藏大量的煤礦，也不得不對石油這化石燃料之王趨之若鶩。在美國，每天大約要消耗掉二千萬桶石油，差不多是每人每天用掉 10 公升的石油。

美國人一天所消耗的二千萬桶石油之中，大約有一千九百萬桶是用來燃燒產能；剩下的一百萬桶則是用作製造各種有機化合物及聚合物所需的原料。因此，石油中每天只有 1/20 的碳氫化合物跑進實用的物質中，其他都被用來燃燒生產能量，最後以熱能及煙的形式消散掉。

天然氣是最純的化石燃料

天然氣是石油的成分之一，不過在地質形成的過程中，也在地底下儲藏了大量的游離天然氣。這些天然氣可以利用圖 19.6 所示的大氣缸來收集與儲存。

圖19.6
用這種大型的球體氣缸來存放天然氣，是因為在建材固定的情況下，球體可達最大的容積。

天然氣的燃燒比石油更低汙染，當然也比煤炭更佳。這種最純的化石燃料僅含微量的硫，因此燃燒時，幾乎不會產生二氧化硫。此外，因為天然氣在較低的溫度下即可燃燒，所以釋出的一氧化氮也不多。或許最重要的是，燃燒天然氣來產生能量，所釋出的二氧化碳比較少，大約是燃燒煤炭的一半。不過，由於氣體的屬性，使天然氣的分離與運輸往往比較麻煩。另外，天然氣的藏量並沒有比石油多多少。因此，仰賴天然氣做為能源，也非長久之計。不過專家還是建議大家在非化石能源的技術發展成熟以前，應該盡可能改用天然氣，以延緩能源危機發生的時間，並且對環境較為有利。

天然氣還有另一個好處，是提高發電效率。一般的發電過程是利用化石燃料在鍋爐中燃燒，並產生蒸氣，使蒸氣推動發電渦輪，如第 152 頁圖 19.2 所示。光是利用燃燒天然氣，把水煮沸以產生水蒸氣的系統，發電效率大約是 36%，與使用煤炭發電的 34% 效率其實不相上下。

不過就如 19.1 節所述，燃氣渦輪是最新發展的渦輪技術，可以省略將水轉化成蒸氣的步驟。而天然氣的燃燒產物可以直接驅動燃氣渦輪；此外，燃氣渦輪的排氣，熱度足以把水轉化成水蒸氣，將這些水蒸氣導入相鄰的蒸氣渦輪，又可以產生更多的電。這種燃氣渦輪與蒸氣渦輪併用的系統，發電效率可高達 47%。更棒的是，如果以化學反應將天然氣轉化成氫氣分子，放在燃料電池中發電（如《觀念化學 3》的 11.3 節所述），可將發電效率提高更多。

一般消費者所使用的天然氣有兩種，一種主要含甲烷，另一種主要含丙烷。甲烷比空氣輕，因此在都市中利用天然氣管輸送是一種相當安全的方式，萬一發生外漏，甲烷會逕自上升到空中，縮減火災的危險；而丙烷比空氣重，且在施壓下立即液化，基於這種特

圖19.7
如果你家使用的天然氣是存放在這種室外的壓力缸中，那麼你用的是丙烷天然氣。如果你家屋外沒有這種壓力缸，那麼你用的是甲烷天然氣。

性，丙烷最好以液態形式儲存在壓力缸中（如圖 19.7 所示）。那些天然氣管線到不了的地方，可以丙烷缸取代，並需要定期補充。

觀念檢驗站

Q 三種化石燃料中，哪一種在地球上的存量最豐富？哪一種燃燒起來最低汙染？哪一種最容易運輸？

你答對了嗎？

A 煤炭的存量最豐富；天然氣燃燒起來最低汙染（因爲雜質最少）；石油最容易運輸（因爲是液態物質）。

19.3 核能有兩種形式

右頁圖 19.8 簡要說明了兩種形式的核能。一種是核分裂，它是由鈾、鈽之類的大原子核分裂所致；另一種是核融合，它是由較小的原子核如氘、氚結合成單一個原子核氦，而釋放出大量能量。今日，所有的核能發電廠用的是核分裂法來發電，且不會釋出任何空氣汙染物。關於核分裂與核融合的觀念，請大家參考《觀念化學 1》

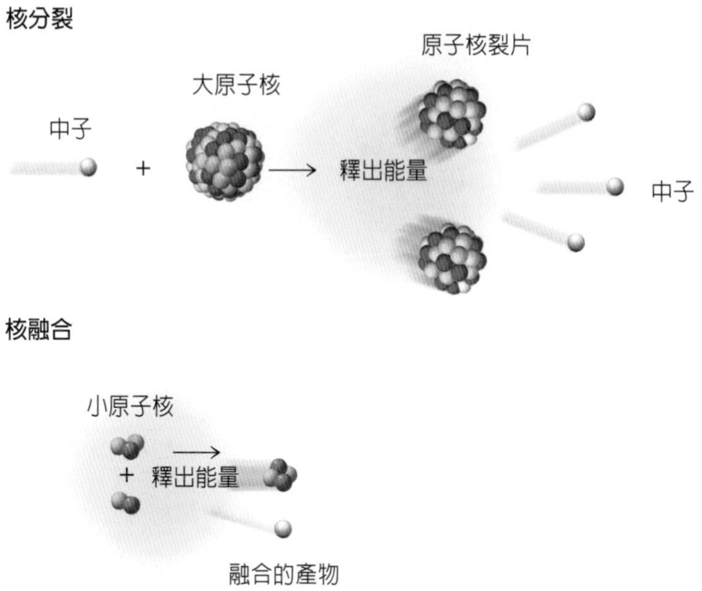

圖 19.8
核分裂牽涉到一個大原子核的分裂；核融合則牽涉到兩個小原子核的結合。

的第 4 章。在本節中，我們要討論的是關於核能的社會議題與技術性問題。

核分裂產生可供利用的電能

自從 1950 年代以來，我們所需的電能有部分來自核分裂所產生的能量。今日在美國，20% 的電能是由全美各處的 96 座核分裂反應爐供應。許多其他國家也同樣仰賴核裂能，如下頁圖 19.9 所示。目前，全球各地約有 442 座核分裂反應爐在運轉中，另外還有 53 座正在興建中。

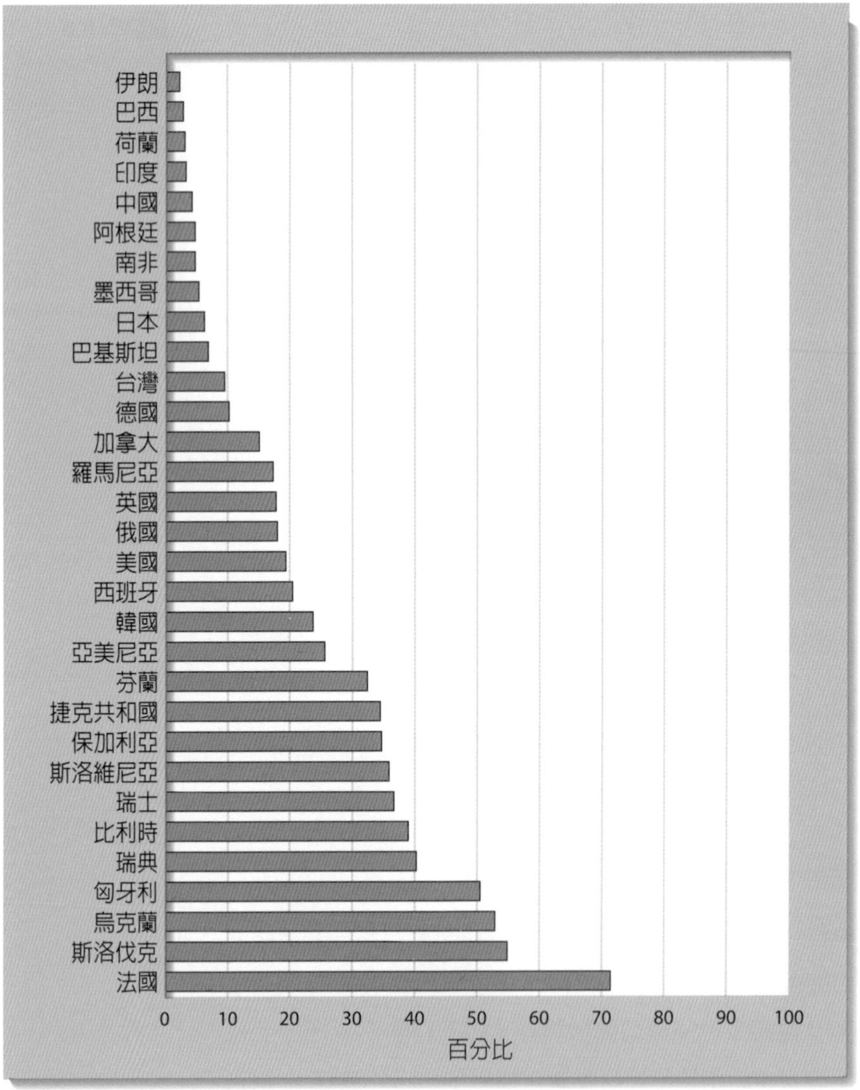

圖19.9

世界各國利用核分裂反應爐產生電能占該國能源需求的百分比。

使用核裂能的國家可以降低對化石燃料的依賴程度，並減少二氧化碳、氧化硫、一氧化氮、重金屬、空氣中的微粒、及其他汙染物的排放。如此一來，原本向產油國家購油的費用也能夠省下來。據估計，以美國來說，自開始生產核裂能至今，已經省下了一千五百億美元的購油費用。

若是沒有大規模且有共識的節能措施，全球的能量需求將愈來愈高，尤其是全球人口不斷增長，加上開發中國家迫切的經濟成長需求。核能的製造到底該不該停擺，讓化石燃料負擔這種逐漸增加的能源需求？或是應該讓現存的核能發電廠繼續運轉，甚至加蓋新廠，直到替代能源（將在本章稍後討論）可以大量供應爲止？核能支持者建議在未來的 50 年內，應該把全球核能電廠的數量增加到 5 倍；他們認爲，面對化石燃料的需求日益增加，核能是一種很環保的替代能源。

不過在許多國家，民眾對核能的接受度不高，因爲核能確實有一些可怕的壞處，包括放射性核廢料的產生以及放射性物質外漏的風險。支持核能的人則指出，我們確實無法保證核裂能的製造絕對安全無虞，但諸如油輪外漏、全球增溫、酸雨及煤礦工人生病等問題，也同樣時有所聞。

核能發電究竟產生多少放射性核廢料呢？根據美國能源部的報導，全美有大約 83,000 噸用過的核燃料棒儲存在反應爐的所在地，這個數量以每年 2000 噸的速率持續增長中。另外，軍中發展的核武也是放射性核廢料的一大來源。例如在華盛頓州漢福核武廠的集存艙中，就存放了將近 2 億公升的高放射性核廢料。科學家一致認爲把放射性核廢料存放在地質穩定的地下貯藏庫，是目前最可行的辦法。不過萬一有水滲漏到貯藏庫，很可能加速腐蝕裝載核廢料的容器。因此，這些地下貯藏庫應該安置在與水遠離的地方，最好是在任何水位之上的數百公尺處。

今日，全球各地尚無這種長期的貯藏庫在使用中，主要是因為大多數社區都不希望自家的「後院」有這麼一個貯藏庫存在。再者，一旦選定一個可能的地點，勢必得花很長的時間詳加評估。例如，美國內華達州猶卡山（Yucca Mountain）的地底下曾經被選為存放核廢料的地點，自從 1982 年以來，相關的評估測試工作持續進行中，在 2002 年，布希總統批准了這個地點。只要得到有關當局的支持並通過評估，那麼總長加起來有 150 公里的地道網絡，將可容納 80,000 噸的核廢料。然而，滲水的跡象使人們憂慮這裡並非理想的地點，更受到當地居民大力反對，所以在 2009 年時，在猶卡山設址的計畫便取消了。幾個州更主張，在找到適合的核廢料貯藏庫之前，先暫停建造新的核能發電廠。

除了產生核廢料，核能發電廠還有發生放射性物質外漏的風險。不過，目前核能電廠的安全設計已經將製造核裂能會發生的風險考量進去。1979 年，位於賓州哈里斯堡的三哩島核能電廠，由於核反應爐溫度過高，導致反應爐的核心開始融化。但幸好沒有發生輻射物外漏的災情，因爲核心是裝在一個封閉建築物中。

在三哩島事故發生的七年後，也就是 1986 年，位在現今的烏克蘭境內的車諾比核電廠，也發生了反應爐核心完全熔毀的情形。這起事故中最明顯的錯誤是，該反應爐的核心並沒有根據國際認同的核能安全準則來興建與運作。例如，他們以石墨做爲控制核分裂反應的媒介物，但石墨在核心溫度上升時，會失去控制核分裂反應的能力。另外，由於反應爐沒有建在密封的建築物中，因此造成大量的輻射物質外洩。因爲這項意外，有三人當場死亡；有數十人在幾週內死於輻射引發的疾病；另外數千名接觸到高輻射量的人，則有較高的癌症罹患率。今日，當地約有 10,000 平方公里的土地仍然受到大量輻射物質汙染。

一項根據國際安全標準來分析全球所有核能電廠的風險報告指出，每 200 年就會有一座核能電廠發生嚴重的輻射物外洩事件；不過最新的科技發展可望大幅降低這個發生率。新設計的核能電廠使用較小的反應爐，產生的電力在 155 到 600 百萬瓦特之間，不像今日的反應爐往往可輸出 1500 百萬瓦特的電力。較小的反應爐比較容易處理，且可以一起併用，以產生符合社區所需的電量。

此外，關於反應爐的安全性也有一些重大的進展。早期的反應爐需要仰賴一系列的主動措施，例如要一直把水打進反應爐中，以冷卻反應爐核心，以防意外事件發生。這種安全設施最主要的缺點是很容易失靈，因此需要另一套備用設備，甚至連備用設備也需要另一套備用物！而新設計的反應爐提供所謂的被動穩定性，它利用天然的過程（例如蒸發），來使反應爐的核心冷卻。再者，核心具有負的溫度係數，這表示當反應爐的溫度因爲一些物理作用（例如控制棒的膨脹）而升高時，會自動切斷反應。

1993 年，全球由核分裂反應爐生產的電能達到 17% 的高峰，到了 2000 年則下滑到 15%，原因是老舊的核電廠因為修復成本超過生產的利潤而關閉；同時，新的核能發電廠尚未興建，主要是因為大眾對核能的負面觀感。例如在美國，從 1989 年到 2019 年，運作中的核能發電廠就由 114 座下降到 96 座。在舊廠關閉，新廠卻未建立的情形下，可以預見到了二十一世紀中葉，美國舊有核電廠都已退役。至於全球的情形，國際原子能總署預測到了 2030 年，由核反應爐生產的電能，將僅占全球電能生產的 6%。這也將使我們面臨能源困境，因為專家預期到了 2030 年，全球的電能需求將比現今增加 15%，如圖 19.10 所示。

如果核裂能將逐漸被淘汰，有什麼可以取而代之呢？在瞭解京都議定書的內容後，你將發現這個問題令人十分擔憂，因爲在京都協議中，有 160 個國家同意到了 2012 年，要使溫室氣體的排放量降低到 1990 年的水準或更低，但現在延期至 2020 年。

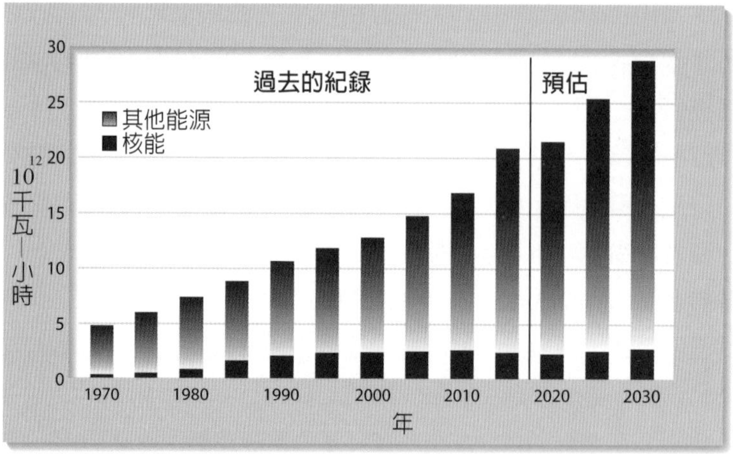

圖 19.10
從 1970 年到 2030 年，全球消耗總電量的紀錄與預測。

觀念檢驗站

Q

把核分裂反應做爲一種能源，主要的缺點是什麼？

你答對了嗎？

A

核分裂反應爐會產生大量的放射性核廢料，需要找到永久性的大型貯藏庫存放。

核融合是有潛力的乾淨能源

核融合在二十一世紀的中期到末期，可能成爲主要的能源的一種。在目前實驗性的核融合反應爐中，氘和氚（兩者皆爲氫的同位素）會融合成氦以及快速飛行的中子，而這些中子夾帶大量的動能從反應室中逃逸。

不過，這兩種帶正電的氫原子核可不是心甘情願的結合在一起，它們必須克服強大的電斥力。在《觀念化學 1》的 4.10 節中，我們討論過讓氫原子發生核融合的可能方式，是把含氘和氚的小粒子丟進交叉的強大雷射光束中，擠壓出密度是鉛密度的 20 倍的燃料（請見《觀念化學 1》第 232 頁圖 4.29）。另一種方法則是把原子核加溫到星熱溫度（大約是攝氏三億五千萬度），使原子核的移動速率快到兩者因本身的慣性而彼此接觸合爲一體；因爲星熱的氘和氚燃料已完全離子化，使它們可以被容納在強大的磁場中。在這兩種系統中，充滿能量的中子逃進周圍的一個吸熱毯後，可產生蒸氣或是離子化熱氣，用以發電。

核融合已成功在幾種裝置中進行過，只是這些方式所生產的能量差不多與消耗的能量相當，尚未超出損益平衡點。目前還有許多基礎研究有待進行，這也是一些國際合作案的焦點。吐克馬融合試驗反應器（下頁圖 19.11）是諸多研究計畫的其中之一。關於普林斯

頓大學的這項研究及其他核融合研究計畫的最新訊息，可以參考列在本章末的網站。

有一些桌上型核融合裝置常被用來做為中子輻射的來源，不過這種裝置在設計上會導致消耗的能量比釋出的能量多。

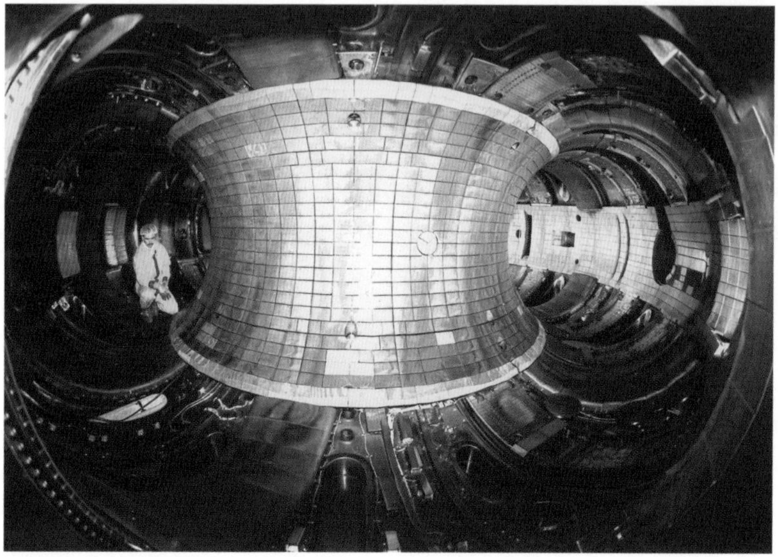

圖19.11
這是位在普林斯頓電漿物理實驗室的吐克馬融合試驗反應器的內部情形。裝置中的磁場可以限制快速移動的電漿在環形管徑上移動。在溫度夠高時，受限的電漿裡的原子核會互相融合以產生能量。

核融合比其他能源（包括核裂能）多了一些好處，包括：核融合反應爐不會製造導致全球增溫或酸雨的空氣汙染物；融合所需的氘燃料，基本上可由海水無限制的供應，而氚則可以在融合過程中同時產生；另外，放射性核廢料的產量遠比核分裂反應爐的核廢料產量還少。

不過，核融合可能的壞處之一是興建融合電廠的成本，可能遠超過回收的利潤。科學家知道一座核融合發電廠需要運作二十年左右，才可能使投資的成本有所回報。因爲以核融合來發電的過程比較複雜，要眞正坐享利潤的回收可能需要較長的時間之後。因此只有最先進的已開發國家才可能負擔得起核融合電廠，但也無法同時擁有很多座。人口學家告訴我們，未來最需要能源的是那些急速成長的開發中國家。因此，雖然核融合具有這些技術性的優點，但是就社會層面觀之，它的發展可能拉大貧富國家的差距，使富者愈富，貧者愈貧。

觀念檢驗站

Q　目前有哪些地區已利用核融合電廠來發電？

你答對了嗎？

A　因爲興建核融合電廠還有許多技術上的障礙要克服，目前尚無任何核融合電廠在運轉中。

19.4 展望永續能源

我們現今使用的化石燃料存量有限，且以目前這種消耗速率來看，無法維持到遠超過本世紀之後。而核分裂反應的燃料會產生大量放射性廢料，遲早這些核廢料會超過環境所能承受的量。至於核融合，要到達技術成熟可能還需要幾百年而非幾十年的時間。因此，我們最終所需的是所謂的永續能源。理想的永續能源不僅要取用不盡，而且要對環境無害。

因為沒有任何永續能源可以迎合全球所需的總能量，我們將最大的希望賦予各種科技的發展。此外，轉換到永續能源需要大眾的承諾；也許改變眾人態度的最大障礙是目前存量尚屬豐富的石油燃料，因為它們既飽含能量，又非常容易燃燒。不過，美國能源部曾做過一項全國性的民調，結果顯示永續能源是大家目前最渴望的能源形式。但人們願不願意把錢投資在心儀的東西上，又是另外一回事。所幸科技正在快速進步中，也許不久後，永續能源就能成為較便宜的替代能源，使人人都負擔得起！這是一個關鍵點，因為在市場經濟中，只有金錢會說話。現在我們就來看看有哪些主要的永續能源可供我們使用，以及它們潛在的一些缺點。

觀念檢驗站

Q 什麼是永續能源？

你答對了嗎？

A 永續能源是可以長久供我們使用，且對環境無害的能源。

19.5 用水來發電

水力發電可以分成三種來源：太陽、高溫的地球內部，或是月球。在接下來我們介紹的各種水力發電方式中，你不妨試著一一追蹤它們的能量是從這三種來源中的哪一種而來。

水力發電需要倚靠水流的動能

水從水力發電廠的水壩流下之後，會帶動渦輪運轉，使發電機製造電能，如下頁圖 19.12所示。在現代的發電廠中，動能轉化成電能的效率可高達 95%，因而降低消費者所需支付的電費。水力發電是一種低汙染的能源，不會製造二氧化碳、二氧化硫等汙染物。這種能量起源於太陽，因爲太陽帶動水文循環而將水運送到高山上。在美國，水力發電是最廣泛使用的永續能源，它供應的電能占全國需求量的 7%。在開發中國家，水力發電所供應的電能則占總需求量的 30%。

水力發電所輸出的電能極有可能再增加，但方法並不是建築更多的水壩。全美國現存的 80,000 個水壩中，僅有 2,400 個用來發電。這些尚未利用的水壩，可以加裝渦輪及發電機來發電。另外，美國境內的大多數水壩，是建造於 1940 年代，當時的設備不如現在有效率。新技術可以使這些老舊的水力發電廠提高效率，產生更多的電能。據美國能源部估計，美國現存的水力發電廠只要提高 1% 的效率，所增加的電能便足以供應 283,000 個用戶。

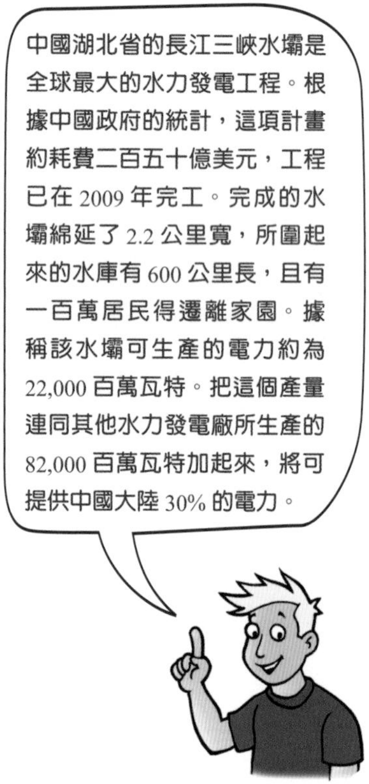
中國湖北省的長江三峽水壩是全球最大的水力發電工程。根據中國政府的統計，這項計畫約耗費二百五十億美元，工程已在 2009 年完工。完成的水壩綿延了 2.2 公里寬，所圍起來的水庫有 600 公里長，且有一百萬居民得遷離家園。據稱該水壩可生產的電力約為 22,000 百萬瓦特。把這個產量連同其他水力發電廠所生產的 82,000 百萬瓦特加起來，將可提供中國大陸 30% 的電力。

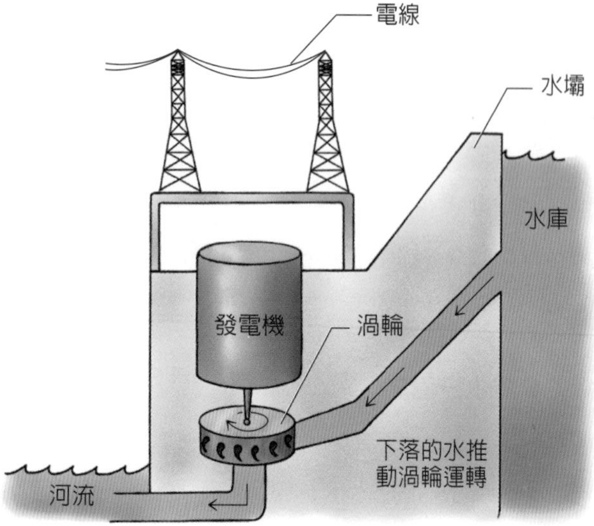

圖 19.12
水力發電水壩的簡圖。

水力發電廠也許不會製造汙染物，但是水壩周圍的環境肯定受到連累，特別是魚類和野生動物的棲地將嚴重受到影響。一些水壩的悲慘後果是它們阻礙魚群回游到產卵的地點，因而使魚群數量下降。有鑑於這樣的問題，許多水壩增建了魚梯，好協助魚群回到上游的產地繁殖；不過，魚梯的功效畢竟有限。此外，由水壩圍起的水庫，容易產生淤泥堆積，影響水質並限制水壩的壽命。再者，水壩減損了河川的天然美景，且在很多案例中，寶貴的下游農田都被損毀。另外，水壩還需要妥善維護及定期檢查，以防止水壩開裂，導致洪水氾濫。

利用海洋的溫差來發電

海水表面的溫度與海水深處的溫度總是有別，前者較高，後者較低。海洋溫差發電法（ocean thermal energy conversion，OTEC）就是利用這種差異來產生電能。如圖 19.13 所示，利用較溫暖的表面海水，煮沸一種低沸點的液體，例如液態氨，所產生的高壓蒸氣可推動渦輪運轉以發電。蒸氣通過渦輪後，將進入一個冷凝器，使蒸氣與從深海抽取上來的冰冷海水管相遇，溫度的降低會使蒸氣冷凝成液體，展開下一個循環。

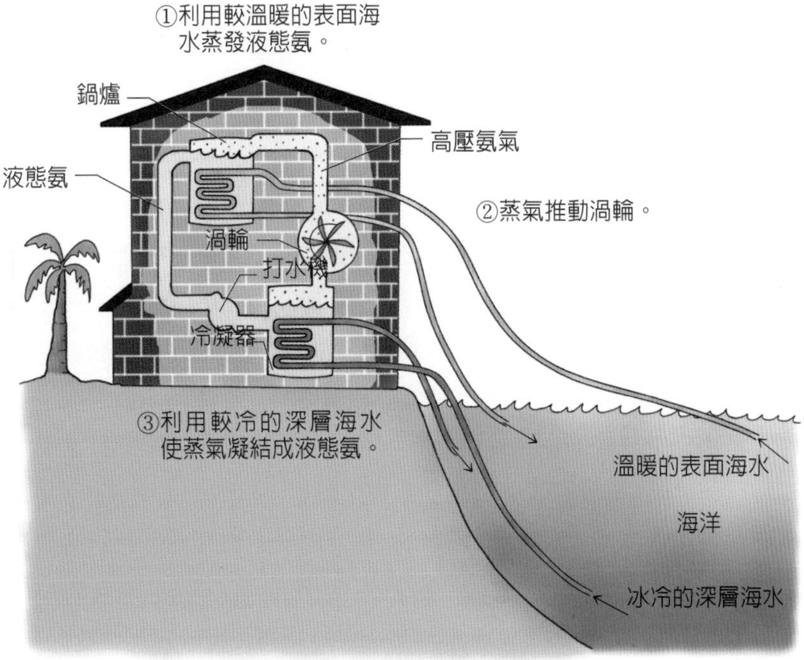
①利用較溫暖的表面海水蒸發液態氨。
鍋爐
高壓氨氣
液態氨
②蒸氣推動渦輪。
渦輪
打水機
冷凝器
③利用較冷的深層海水使蒸氣凝結成液態氨。
溫暖的表面海水
海洋
冰冷的深層海水

圖 19.13
海洋溫差發電法的運作情形。

海洋溫差發電法只適合使用於表面海水溫度與深層海水溫度相差很大的地區。有人提議在近海使用一群漂浮的裝置，以海洋溫差法發電，並利用電能從海水製造可運輸的氫氣燃料（在 19.8 節，我們將介紹氫氣是種低汙染的燃料，因爲燃燒氫氣的唯一產物是水）。在岸上的海洋溫差發電廠最適合興建在島嶼上，例如夏威夷、關島、波多黎各等地，因爲這些地方的深層海水離岸邊不遠。

世上第一座海洋溫差發電廠於 1990 年在夏威夷啓用，可生產 210 千瓦的電力，其中大多數用於當地的水產養殖業。業者利用海洋溫差發電設備，把含豐富營養成分的深層海水打上來輸送到養殖場，用以培育特種魚蝦貝類，以供應美國及日本市場。這些裝在管子內的冰冷深層海水還可以充當海洋溫差發電廠的空調系統，讓辦公室及實驗室保持涼爽。

來自地殼內部的地熱能

地球內部由於輻射衰變及重力壓而產生高溫。在某些地區，這種地熱非常接近地表。火山爆發溢出的岩漿，或是從間歇熱泉噴湧而出的蒸氣，都是這種熱鑽出地表的例子。這就是所謂的地熱能，我們可以將這種能量加以開發利用（右頁圖 19.14 顯示美國目前利用地熱能的區域）。把天然的熱水或熱氣從地下汲取出來，可以製造熱液能（hydrothermal energy），這是目前利用地熱能發電的主要形式。位在舊金山以北的間歇熱泉區是一個大型的蒸氣庫，那裡的熱水發電廠目前供應 2,600 百萬瓦特給加州居民使用。目前全美國共有 170 座熱水發電廠；義大利、紐西蘭、冰島等國境內則有更多此類的發電廠（在冰島，有大約 25% 的電力來自地熱能源）。目前全球的熱水發電廠所生產的電力加總起來約有 11,000 百萬瓦特。

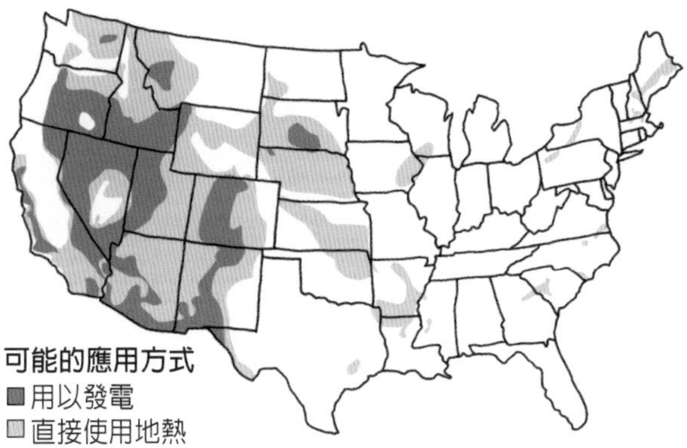

圖19.14
圖示美國最具開發地熱能潛力的區域。

熱水發電廠生產電力的成本與用化石燃料發電的成本相當。除了發電，熱液能還可以直接用來加熱建築物。在全美境內，地熱型熱水庫比地熱型蒸氣庫還普遍。大多數未開發的熱水庫位在加州、內華達州、猶他州、以及新墨西哥州，這些熱水庫的溫度尚未熱到足以有效驅動蒸氣渦輪運轉，但已經足夠煮沸另一種液體（例如丁烷），而產生的丁烷氣將驅動燃氣渦輪運轉。

乾熱岩能（hot dry rock energy）是另一種形式的地熱能，它是利用液壓打開地底深處的巨大地熱庫所得。這種方法是把液態水灌入地熱庫中，經過高溫的岩石加熱，便能以蒸氣的形式回升到地表去發電。在新墨西哥州洛斯阿拉莫斯的實驗性乾熱岩能發電廠，可看到鑽入地下 4 公里的深井。

另一種形式的地熱能是地壓濃鹽水（geopressured brine），這是從地下所抽取到的溫暖濃鹽水，含高量溶解的甲烷，這種濃鹽水主要沉積於墨西哥灣沿岸的地底。溶於水中的甲烷可以當場分離，並用以加熱濃鹽水。不過，這些技術目前都還停留在發展的階段。

地熱能並不是沒有缺點的，雖然它釋出的氣體汙染物比較少，但其中有一種是硫化氫（H_2S），這種物質即使濃度很低也可以讓人聞到彷彿臭蛋的味道。再者，從地球內部來的水往往比海水的鹽度高出幾倍，這麼鹹的水腐蝕性很高，處理起來會是個問題。此外，如果從地質不穩定的地區抽取地底水，可能造成土地下陷，甚至引發地震。

潮汐的能量也可以被利用

月亮對地球的重力吸引作用並不平均，在地球最靠近月球的那一邊，會出現最大的引力，最遠離月球的那一邊，所受的月球引力最小。這種引力不平均的結果會使地球的海洋延展，在這種延展的情形下，隨著地球的自轉，地面上的人就可以觀察到海平面反覆的上升與下落。這就是所謂的潮汐，我們可以利用它來發電。

潮汐能一般是得自海灣或河口的漲潮與退潮，我們可以利用水壩攔截這些海水。當潮水流經水壩，將會帶動槳輪或渦輪轉動，並產生電能。不過，目前要利用潮汐能大規模發電，前景恐怕並不樂觀，因為想要有效率的發電，海潮必須相當大。如此一來，就嚴重限制了全球可能發展潮汐能的地點與電廠數量。

另外，由於許多可能的地點都是以風景美麗著稱，在這種情形下，大眾反對興建發電廠的聲浪恐怕很大。不過，有些社區的民眾還是很支持發展潮汐能，其中成功的一個例子，是法國的布列塔尼區，那裡的潮汐能發電廠可生產約 240 百萬瓦特的電力。

觀念檢驗站

Q

在本節所討論的四種水力發電方式中，哪一種是源自太陽？哪一種源自月亮？哪一種源自地球的內部？

你答對了嗎？

A

築水壩發電及利用海洋溫差發電，這兩者的能量源自太陽；潮汐能源自月亮；地熱能則是源自高溫的地球內部。

19.6 生物質量提供化學能

植物利用光合作用可以將太陽能轉化成化學能，這種化學能存在植物本身的各種物質中，稱之為**生物質量**。有兩種方法可以利用生物質量中的能量：其一是把生物質量加工製成可運輸的燃料；另一種則是在設備完善的發電廠中，直接燃燒生物質量來生產電力。在水源豐富的地區，可以視需要，栽種某些植物來獲取生物質量。如果生物質量的生產率能維持在一個水平，那麼燃燒生物質量釋出的二氧化碳，與光合作用所消耗的二氧化碳便能平衡。燃燒生物質量所產生的灰燼只有燃燒煤炭的三分之一，且釋出的硫比燃燒煤炭釋出的硫少 30 倍。

聽到生物質量，會讓你想到化石燃料嗎？應該會，因為生物質量只是還沒有變成化石的燃料，它們是死掉的植物體，假以時日，也能轉變成煤炭、石油或天然氣。我們對化石燃料的各種利用，也可以同樣用在生物質量；當然，這並不包括把它們耗盡或製造一樣多的汙染。

從生物質量獲取燃料

美國運輸業有 97% 的燃料仰賴石油，且消耗量占所有儲備石油的 63%。來自生物質量的燃料，例如甲醇和乙醇，是石油燃料的天然替代物。事實上，這兩種酒精中所含的辛烷值高過汽油，這也是賽車選手偏好以這兩種酒精做燃料的原因。

汽車製造的先驅福特（Henry Ford）和狄塞爾（Joseph Diesel）也喜歡以酒精當燃料，他們最初的構想正是利用生物燃料來發動汽車。但是就在汽車工業準備利用穀類發酵產生的乙醇做爲燃料的前夕，美國第 19 次憲法修正案卻通過乙醇的禁用，使石油成爲今日主要的燃料。

不過，目前在美國，已有愈來愈多的政府方案要求在汽油中添加 10% 的酒精，添加後的混合物叫做酒精汽油燃料（gasohol）。由於酒精可以提供較高的辛烷值，因此能使引擎運轉效率提高，並減少空氣汙染。而且如果選擇從生物質量中製造酒精，還可以減少對產油國家的能源依賴。

乙醇又叫做穀物酒精，可以經由生物質量的發酵來製造，任何穀物都可以，但是以單醣（例如葡萄糖）效果最佳。甲醇又叫做木精，可以在無氧的情況下，把木本生物質量加熱而產生，甲醇會蒸發出來，必須以蒸餾法收集。剩下未蒸餾的植物材料可以做成木炭，這相當於不含硫的煤炭。另外，一些重要的工業用化學物質，例如醋酸、丙酮、碳氫油脂等，也可從中製造出來。

乙醇是當前美國使用最普遍的生物燃料，占全國運輸燃料所需的 10%。美國乙醇燃料的製造主要在中西部，那裡每年有 225 億公升的玉米經過發酵作用產生 600 億公升的乙醇。巴西是生產乙醇燃料規模第二大的國家，他們以蔗糖來發酵。巴西的乙醇燃料計畫是因應 1970 年代石油危機的創新之舉，如今每年約生產 300 億公升的乙醇，與汽油混合成巴西境內汽、機車的燃料。同時，這項計畫創造了 700,000 個工作機會，並且大幅改善聖保羅和里約熱內盧等大都會的空氣品質。

由發酵而來的乙醇相當昂貴，因爲栽種這些生物質量需要大量的水和肥料，對經濟和環境的成本都很高。從石油中提煉乙醇或許是比較便宜的方式。不過，這只是因爲原油的價格刻意被壓低。如果要把納稅人的補助金額、開採原油對環境的破壞，以及軍隊保護的成本考量進去，原油的價格可能從每桶 20 美元飆漲到每桶 89 美元。以後面這個數字來看，源自生物質量的燃料在成本上還是極有競爭力的。

由生物質量製造甲醇的成本也很高，因爲經由蒸餾產生的甲醇數量很少。基於這點因素，今日大多數的甲醇是由天然氣製造出來的。煤炭業者還準備從豐富的煤炭礦藏中製造甲醇；然而，從煤炭製造甲醇所產生的汙染，遠比以甲醇爲燃料所減少的汙染還多。

從樂觀面來看，許多新技術正在研發中，以試圖從低成本的木本原料中製造出可發酵的糖類。由這種便宜來源製成的乙醇，目前與汽油的成本不相上下。如果可以取得大量的木本植物，乙醇的批發價格將可降低到每公升 9.5 分美元。

從生物質量獲取電力

把生物質量轉化成可運輸的燃料，需要額外的步驟，因此將減低產能效率；直接燃燒生物質量的產能效率則比較高。在美國，利用生物質量所生產的電力，已經從 1980 年代早期的 200 百萬瓦特增加到 2010 年代的 10,000 百萬瓦特以上，成長了五十倍之多。多數的生物質量能是由造紙公司及出產森林相關產品的公司，利用木材及廢料當作燃料所產生的。目前有些都市正以固體廢棄物的焚化爐做實驗，看能不能一邊處理垃圾，一邊生產電力（平均來說，在這些固體廢棄物中，有 80% 的乾重是可燃燒的有機物質）。

從生物質量生產電力的傳統方式，是在鍋爐中燃燒生物質量，使爐中的水轉化成蒸氣，用以推動蒸氣渦輪。而如果先將生物質量轉變成氣態燃料，產能效率將超過原來的兩倍，這可以經由引進高壓空氣與蒸氣來辦到。或者，也可以把生物質量與高溫的沙子（約 1000℃）相混，來製造氣態燃料。氣態燃料經過燃燒後，形成的高溫產物可以導入燃氣渦輪中用以發電。此外，從渦輪排出的廢氣，還可以用來製造工業所需的蒸氣，或生產額外的能量。蒸氣渦輪自從 1950 年代末期出現以來，未曾有什麼效能上的改進，但燃氣渦輪卻不斷的改良。不論是在工業化國家或是開發中國家，有人估計，以生物質量產生的氣體來運轉燃氣渦輪，在成本上將與傳統的煤炭、核能、水力等能源不相上下。

觀念檢驗站

Q 生物質量和化石燃料有什麼共通點？

你答對了嗎？

A 兩者皆源自太陽能。

19.7 從日光生產能量

日光可以直接用來使屋子保暖。我們也可以利用鏡子和鏡片，使日光集中在水上，把水蒸發成氣體用以發電。而日光造成的風，可以驅動風渦輪發電。另外，有了光伏打電池（太陽能電池），日光中的能量就可以轉化成電流。以上這些直接利用日光來產能的技術正迅速發展中。

太陽的熱能很容易收集

不論你住在熱帶或寒帶地區，都可以善加利用日光以節約能源。加熱洗澡、洗碗或洗衣服所需的水，往往消耗許多能量，一般家庭所消耗的總能量中有 15% 是用來把水加熱。其實這些能量大可從太陽而來，且和來自發電廠或天然氣的能量並無二致。

收集太陽能的裝置不過是一個黑色金屬盒子，表面覆蓋一塊玻璃板，如下頁圖 19.15 所示。只要使日光通過玻璃板進入盒內，讓黑色金屬吸收，吸熱後的金屬會釋出紅外線。由於紅外線無法穿透玻璃板，因此會被保留在盒子裡，使盒子內部非常溫暖。讓水流經安裝在盒內的水管，水將受到其中溫度的影響而增溫變熱。

經過一連串的太陽能收集器，可以使水變得滾燙，把這些水儲存在保溫效果極佳的容器中，就可以應付各種清洗之需。如果讓空氣通過吸收過太陽能的熱水管表面，可以產生暖空氣，用來暖化室內。即使是寒冷的北國氣候，超過 50% 的室內暖氣都可以由太陽能收集器提供。因此儘管安裝收集器並不便宜，但長時間來看，省下的能源就等於把錢放進自己的口袋裡。

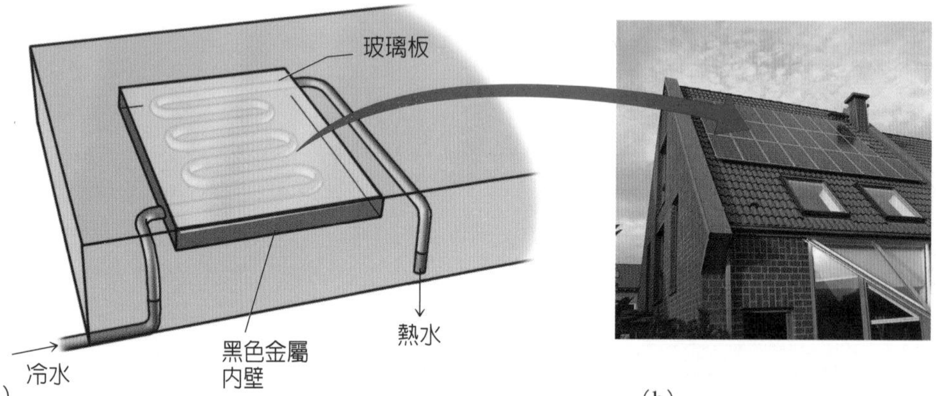

(a) (b)

圖19.15
（a）太陽能收集器表面覆蓋玻璃，以提供溫室效應：穿透而入的日光被轉化成紅外線輻射，無法逃出收集器。（b）大多數的收集器都安裝在屋頂，它們被漆成黑色以放大太陽熱能的吸收。

利用太陽能發電

「太陽能發電法」是許多種相關技術的統稱，應用這些方法可以從日光中生產電力。其中一項技術是把合成油打進一條管子裡，而管子則位在覆蓋著反光鏡的溝槽附近，如圖 19.16 所示。接著，再利用這種溫度極高的油使水變成蒸氣，驅動蒸氣渦輪運轉用以發電。這套設計目前正是美國南加州沙漠地區所使用的發電法，那裡可生產的電力超過 360 百萬瓦特，發電的成本是每千瓦-小時 10 分美元。在電力供應的巔峰期或是遇上陰天時，燃燒天然氣可提供額外的熱能以補不足。

另一種技術是包含一系列的太陽追蹤聚能鏡，能使太陽集中照耀在一個中央塔的頂端，那裡的溫度高達 2200℃。大多數收集到的太陽熱能都被熔化的鹽帶走，其中主要是硝酸鈉。把高溫熔化的鹽輸送到保溫箱存放，可以使太陽熱能在這裡保存一個星期。當需要用電時，這些鹽會被打進一個傳統的蒸氣製造系統，用以發電。之後，熔化的鹽重返中央塔頂，重新吸熱。

這種方法最大的優點是，由於硝酸鈉鹽保持熱度的時間頗長，因此即使在日落後或天候不佳時，依舊可以生產電力。位在加州巴斯托的美國第一座商用中央塔太陽能發電廠（Solar II），在 1996 年開始運作，它的中央塔超過 70 公尺高，周圍的太陽追蹤聚能鏡覆蓋了 8 英畝的土地面積，可生產約 100 百萬瓦特的電力。

圖 19.16
這是一種太陽能發電設備。含有合成油的管子沿著覆有反光鏡的溝槽分布，當日光打在反光鏡上，將反射到這些油管上，將裡面的合成油加熱到 370℃。把管中的熱油汲取出來，可以用來把水轉換成蒸氣，推動渦輪運轉以發電。

生活實驗室：太陽能泳池蓋

哪一種泳池蓋最能有效保持游泳池的水溫呢？有些公司宣稱「太陽能泳池蓋」可以使游泳池的水溫比室外平均氣溫高出 10℃。什麼材料最適合用來製造太陽能泳池蓋？我們不妨以下面這個實驗來檢驗看看。

■ 請先準備：

6 個相同的湯碗、鋁箔紙、透明食物保鮮膜、透明塑膠泡包裝紙、黑色塑膠垃圾袋、清潔液、廚房用溫度計。

■ 請這樣做：

1. 將鋁箔紙、食物保鮮膜、塑膠泡包裝紙、黑色垃圾袋分別剪成一個圓圈，大小要能完全覆蓋湯碗，並且讓邊緣比碗超出 1 公分。
2. 把 6 個湯碗放在陽光下（最好在中午以前），並在每個碗中裝滿自來水後，測量並記錄每碗水的溫度。
3. 把剪好的鋁箔紙（亮面朝上）、食物保鮮膜、塑膠泡包裝紙（塑膠泡面朝下）、黑色垃圾袋分別蓋在 4 個湯碗上。在第 5 個碗裡加入幾滴清潔液；第 6 個碗則什麼東西都不加（做爲對照組）。
4. 這些靜置在太陽下的碗，裡面的水溫會逐漸上升，但由於覆蓋的東西不同，每碗水溫度上升的情形也各不相同。猜猜看，哪一碗水在實驗結束時，溫度最高、哪一碗水次之，排出你認爲由高溫到低溫的順序。
5. 讓這些碗在太陽下待至少 4 個小時（這樣在稍微有雲的天氣下也可以得到好結果），每半小時測一次水溫。在測量前要先用溫度計攪拌一下水；每次測量完第 5 碗含清潔液的水後，得把溫度計洗乾淨。將你的測得的水溫一一記錄下來。
6. 以時間爲橫軸，以溫度爲縱軸，把你得到的數據做圖。也可以做條狀圖來顯示每碗水的溫度隨著時間增加的情形。

生活實驗室觀念解析

蒸發作用會使游泳池散失許多熱量，因此任何能阻止蒸發的覆蓋物都有助於保持泳池的水溫。這說明了儘管鋁箔紙會反射太陽輻射，但是用鋁箔紙加蓋的水還是比較溫暖。在《觀念化學2》的第8章我們曾討論過，清潔劑會在水的表面形成薄膜。這層薄膜也能阻止水的蒸發，使加入清潔劑的那碗水溫比對照組（未加蓋）的水溫稍微高一些。所以，有些所謂的「液態太陽毯」商品不過就是不起泡的清潔劑，把這種產品加入泳池內，便可防止蒸發作用，減少熱能散失。

我們都知道黑色的塑料車椅在太陽下會比白色的塑料車椅還容易發燙。所以你是不是也認爲黑色的泳池覆蓋物保持水溫的效果最佳？你可以把手指伸入各碗水中去感覺溫度的差異。你會發現在覆蓋黑色塑膠袋的那碗水中，表層水顯然比底層水要溫暖許多（其他碗裡的水也有同樣的情形，只是沒有這麼顯著）。雖然黑色塑膠袋是所有覆蓋物中溫度最高者，但記住，你要保溫的是水，而不是塑膠袋。表層與底層之間出現水溫梯度，是因爲只有恰位於黑色塑膠袋下方的水變溫暖，而這是受到塑膠袋加熱之故，並不是直接來自於太陽。

透明的覆蓋物效果最佳，因爲它們既能防止蒸發作用，又可以讓太陽直接加熱池水。因此，用食物保鮮膜及塑膠泡包裝紙覆蓋的水，溫度最高。食物保鮮膜能讓大多數陽光穿透到水中，因此水溫會達到最高。不過，在太陽下山後，塑膠泡包裝紙的絕熱效果較佳，能使水溫維持得較久。

風力發電成本低

風力是目前直接利用太陽能最便宜的形式，部分原因是來自它的簡便性，只要讓風吹動風渦輪，使風渦輪轉動後就可以發電。美國早期風力發電的研發都是在加州進行的，主要是由於 1980 年代推行的減稅優惠政策所造成。不過，許多早期的風力發電設備在建造前並未經過嚴格的測試，畢竟這些機器當時只是用來抵稅的產品，因此而導致風力發電的失敗，且損毀風力發電產業的名聲。當時，風力發電的成本比預期高，因爲還沒有標準化的步驟，且缺乏大量生產的經驗。今日，這些問題大多數已解決，不論是可靠度、產能、成本等方面都獲得改善，如圖 19.17 所示。在一些風速超過每小時 20 公里的地區，風力發電的成本目前是每千瓦-小時 5 分美元，這已小於從傳統能源（例如煤炭）發電的成本。

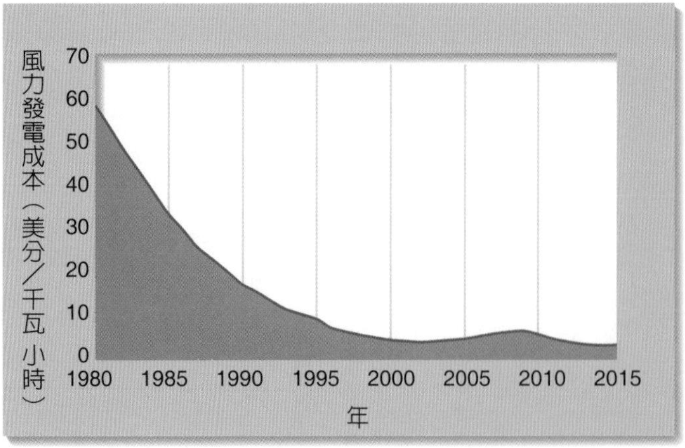

圖 19.17
風是免費的東西，但風渦輪的建造與維護可不是。過去 30 年來，風渦輪的可靠度及效率已經大為改善，使風力發電的成本大幅下降。

2016 年，全球風能的裝機容量總值是 487,657 百萬瓦特，比全球在 1990 年的 2,000 百萬瓦特還增加許多（目前，世界各國以丹麥的每人平均風力發電量居世界第一，見圖 19.18）。在美國，2016 年的裝機容量大約是 82,183 百萬瓦特，其中的 20,321 百萬瓦特源自德州。不過，其他州的產量也將迅速上升，因為目前有許多風力計畫正在研發當中。如下頁圖 19.19 所示，美國大多數的風力資源集中在北方的大草原上，利用那裡現存的風力發電技術，將提供 100% 以上的全國用電需求量。在大草原區，大多數風力很強的州，用風力產生的電能很可能超過他們的需求，因此他們可以輸出這些過剩的電能，或者提供水的電解反應使用，以製造氫氣燃料。

圖 19.18
丹麥風力發電的裝機容量目前已達到 5,745 百萬瓦特，發電量占丹麥電力總需求量的 48%；且在西北部地區，這個比例甚至可達 100%。預計到了 2050 年，丹麥有 80% 的電力將來自風能。

圖 19.19
美國適合風力發電的地點大多位
在北方的大草原區。

產能分級

■ 6級 最優　　□ 3級 尚可
■ 5級 極佳　　□ 2級 勉強
■ 4級 良好　　□ 1級 很差

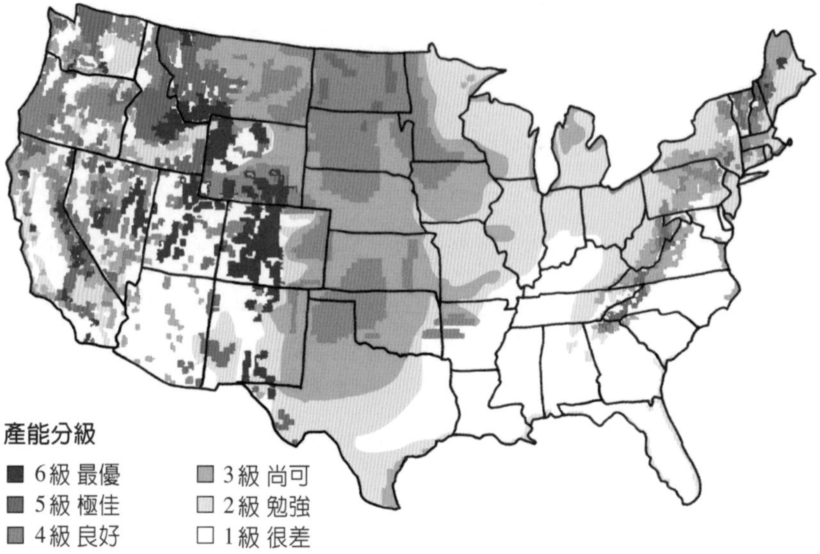

　　改良的技術提升了捕捉風能的效率，使風力發電的成本向下降
到每千瓦-小時 2 分美元。新技術包括改良渦輪的氣體動力學、控
制渦輪的微處理器、以及使用變速渦輪，使輪槳在不同風況下表現
最佳的速率。此外，把風渦輪的壽命延長至 20 到 30 年，也有助於
節省維修成本。

　　風力發電主要的缺點是風渦輪的聲音很吵，且不盡美觀，許多
人不希望它們成為環境景觀的一部分。這些反對聲浪應該要與減少
對化石燃料的依賴一起衡量輕重，同時也考慮人們是否對荷蘭的古
樸風車造型有所偏愛。也許有一天，這些新世紀風車會被人們視為
象徵繁榮的美麗招牌。幸好美國大多數風多的地方都是農地，風力

和農業活動可以相容不悖。在加州的阿塔蒙風力農場，農場經營者只損失了 5% 的農地，但他們的地價卻因爲風力發電公司租用農地所付的租金，而變成原有的四倍。

對於那些自己購買小型風渦輪的人來說，不僅可以節省電費，多餘的電還可以賣錢，供應給共用同一電力網絡的用戶。根據美國的法律規定，電力公司得向風渦輪的主人購買這些電能，或者是給予他們電費的優惠。如此一來，風渦輪的主人便能夠在風大的日子將多餘的電力賣給發電廠，然後把收入用來度過風力太弱而無法發電的時日。

觀念檢驗站

Q　化石燃料與各種形式的直接太陽能有什麼共通點？

你答對了嗎？

A　它們皆源自太陽。

光伏技術把日光直接轉化成電能

光伏打電池（又稱太陽能電池）是將太陽能轉化成電能最直接的方式。光伏技術自從 1950 年代發明以來，已有顯著的進步。1960 年代起，光伏技術開始應用在美國的太空計畫，也就是利用光伏打電池來驅動人造衛星上的無線電及其他小型的電子儀器。當 1970 年代中期發生能源危機時，光伏技術更進一步受到重視。光伏打電能的成本已從 1970 年的每千瓦 - 小時 60 美元，到 1980 年的每千瓦 - 小時 1 美元，再降到 2019 年的每千瓦 - 小時 0.04 美元。

此外，全球應用光伏技術的產品銷售額，也從 1975 年不到 2 百萬美元，成長到 2018 年的 60 億美元以上。如今，光伏打電池的應用範圍已非常廣泛（如圖 19.20 所示），有超過 10 億個掌上型計算機、幾百萬隻電子錶、幾百萬個可攜式電燈、充電器，以及幾千座偏遠地區的通訊設備等，都是由光伏打電池所驅動。

光伏技術的好處很多，因為它們不怎麼需要維修，也不需要水，所以很適合偏遠或乾旱的地區。此外，光伏技術的應用規模可大可小，從幾瓦特的可攜式電器到涵蓋數百萬平方公尺的百萬瓦特級的發電廠都行得通。目前，光伏技術正迅速發展中，它的發電成本就快要與化石燃料及核能燃料的發電成本不相上下了。

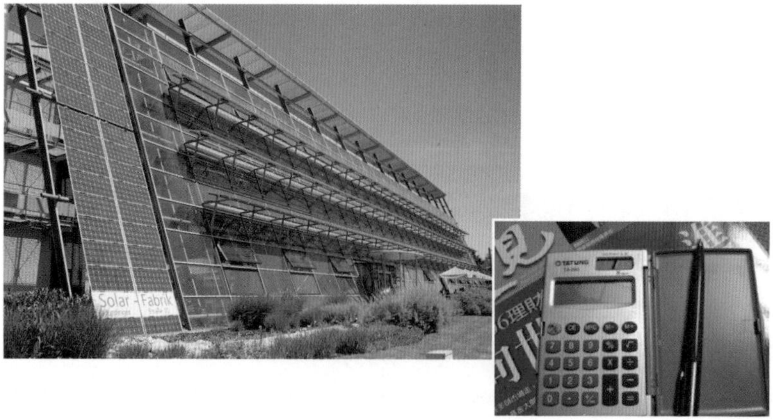

圖 19.20
光伏打電池有很多種尺寸，從掌上型計算機（右圖）到那些提供房屋電能的玻璃帷幕（左圖）等，都是光伏打電池的應用。

傳統的光伏打電池是由超純矽的薄片所製成。矽原子的 4 個價電子可以與 4 個相鄰的矽原子形成 4 個單鍵，如圖 19.21a所示。若摻入少量的他種元素（價電子數目比 4 多或比 4 少），將可改變這種電子組態。例如，摻入有 5 個價電子的砷原子時，如圖 19.21a，在矽晶格中，砷的 4 個電子會與 4 個矽原子的電子鍵結，剩下一個自由電子。這就是所謂的 *n* 型矽，因為它含有砷原子引進的負電荷（***n***egative charge），即那個帶負電的電子。

另外，若將摻入的元素換成硼原子，由於它只有 3 個價電子，如圖 19.21b所示，在矽晶格中，將會形成「電子洞」。因為原本是電子形成鍵結的地方，如今卻少了一個電子。這就是所謂的*p*型矽，因為任何經過的電子都會被這個缺少電子的「洞」吸引，彷彿這個洞是帶有正電荷（***p***ositive charge）。

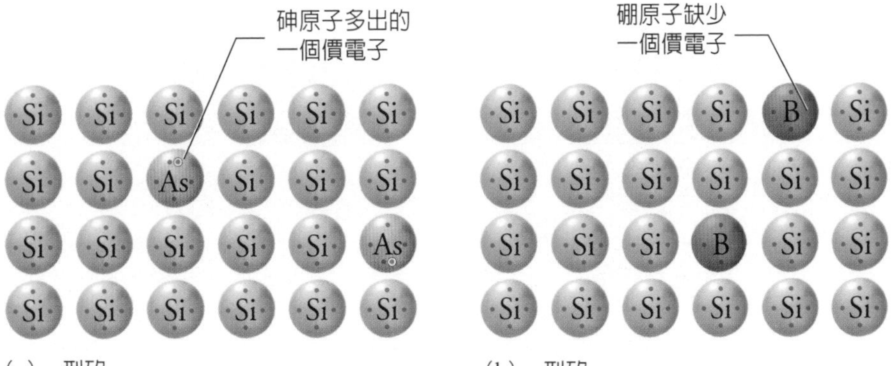

圖19.21

(a) 矽原子的 4 個價電子可以形成 4 個單鍵。砷原子的第 5 個價電子無法在矽晶格中參與鍵結，因此呈游離狀態。含有微量砷原子（或其他有 5 個價電子的元素）的矽，叫做*n*型矽。(b) 硼只有 3 個價電子可與矽原子鍵結，因此有一對硼矽原子之間缺乏一個形成共價鍵的電子。含有微量硼原子（或其他有 3 個價電子的元素）的矽，叫做*p*型矽。

當一片n型矽壓在一片p型矽上方，會發生什麼反應呢？已知n型矽含有自由電子，p型矽含有電子洞，正等著吸引任何經過的電子。想當然爾，電子會從n型矽穿越兩薄片的接面，來到p型矽，如圖 19.22a所示。不過，這種移動只到某種程度爲止，因爲失去或得到電子，都會攪亂電子與質子的平衡。當n型矽失去電子，會在接面形成正電；而當p型矽獲得電子，又會形成負電。因此在p-n接面發生的電荷累積將成爲一道屏障，防止電子繼續移動，如圖 19.22b所示。

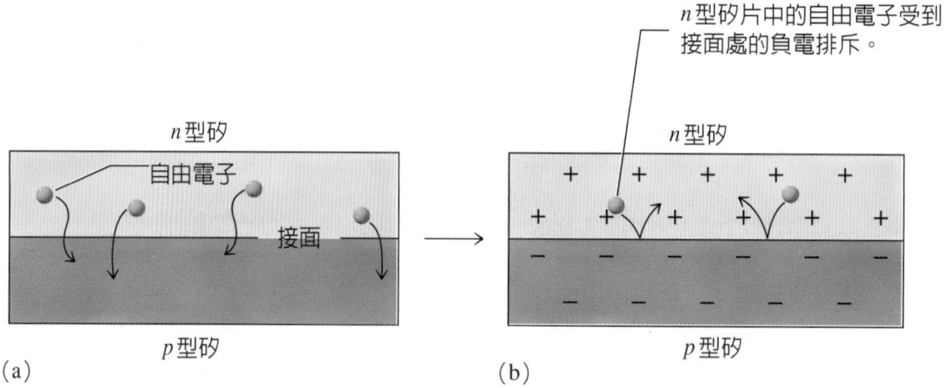

圖19.22
（a）一開始，自由電子從n型矽移動到p型矽。（b）不久後，兩矽片的接面形成電荷累積，阻礙電子繼續流動。

光伏打電池所仰賴的是**光電效應**，這是指光把原子中的電子敲掉的能力。在大多數的物質中，電子可能會完全從該物體彈出，或者再掉落回原來的位置。然而在某些特殊的物質中（例如矽），脫離的電子會在鄰近的原子內外四處漫遊，而不會被固定在任何地方，如圖 19.23 所示。但是隨意的電子運動不能形成電流，因爲只要有一個電子移向左邊，就會有另一個電子往右移，來抵消電子的移動。移動的亂度愈高，只會使溫度愈高，這就是爲什麼太陽能照在一塊矽板上，只會產生熱能。

不過，一旦電荷發生累積，*n* 型矽片和 *p* 型矽片接面的電子屏障（如圖 19.22b 所示）是單向性的。也就是說，*n* 型矽片中被敲鬆的電子將受到抑制（由 *p* 型矽片的負電荷引起），而無法穿越接面到達 *p* 型矽片中；但 *p* 型矽片上被敲鬆的電子（太陽能引起的），卻受到 *n* 型矽片上的正電荷吸引，而跑向 *n* 型矽片。如圖 19.24 所示，用電線將 *n* 型矽片和 *p* 型矽片的外側相連，可以形成一個完整的電路。不論光打在哪一個矽片上，鬆脫的電子都將受接面的電子屏障所迫，只能朝同一個方向移動：也就是從 *n* 型矽片經由電線到 *p* 型矽片，再穿越接面的電子屏障回到 *n* 型矽片上。這麼一來便可將太陽能轉變成電能，而不是變成熱能。

圖 19.23
圖示矽晶中的光電效應。日光把鍵結的電子敲出來，使它們在晶格中四處移動。

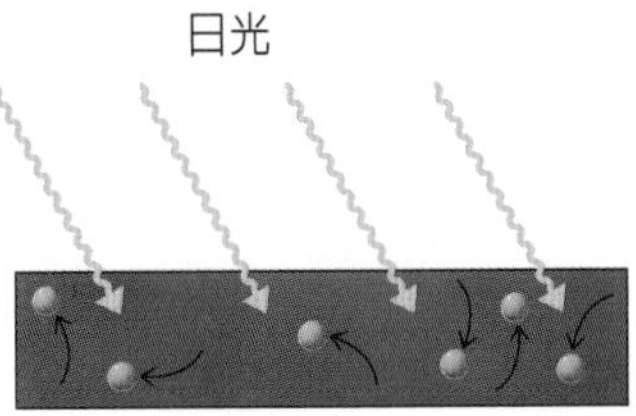

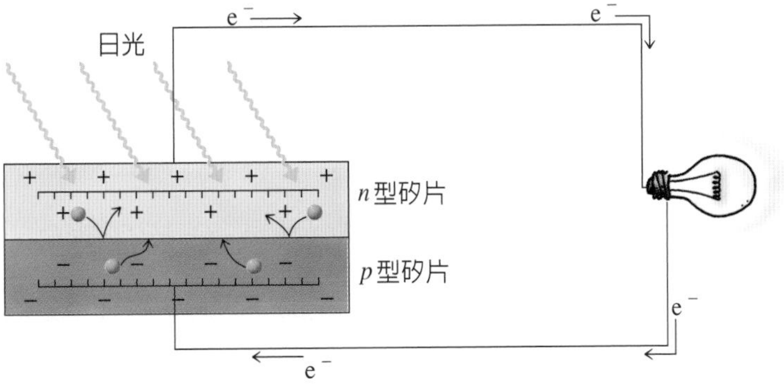

圖 19.24
當日光迫使電子沿著外接電線從 *n* 型矽流到 *p* 型矽時，便將太陽能轉變成電能。

觀念檢驗站

Q

把一塊n型矽片與一塊p型矽片壓在一起，兩矽片的外側沒有電線相連。一開始，從n型矽片到p型矽片的電子流，會使兩矽片的接面處出現電荷的累積，形成電子屏障。若把光線打在這塊n型矽片上，將使接面的電荷累積受到怎樣的影響，是增加、減少還是不變？

你答對了嗎？

A

n型矽片上的自由電子數量會增加很多，因為光把矽原子的電子敲出來，而引起的電子壓力會使更多電子穿越屏障移往p型矽片的電子洞。這樣一來，會導致接面形成更多的電荷累積，使後面產生的電子更無法移動到p型矽片上。如果把光源切掉，接面處電荷的累積將會掉回正常的水準。

光伏技術業者的目標，是製造出高效率、低成本、容易量產的光伏打電池。目前從超純矽晶製造出來的傳統光伏打電池，效率高達 15%，已經是夠好了。只是生產超純矽晶的成本很高，使這類電池在產品價格上沒有競爭力。雖然在過去 20 年來，技術方面已有大幅的進展，但是要從這些電池獲取電能，依舊比傳統來源的電能貴了 3、4 倍。

也許在光伏特研究中，最大有可爲的領域，要算是薄膜型光伏打電池的研發。這類電池不用取材於昂貴的矽晶，而是讓矽蒸氣或其他的光伏材料沉澱在玻璃或金屬的基質中。這種方式所產生的薄膜，比傳統的矽片還薄 400 倍，不僅可以節省材料成本，而且，薄膜也很容易大量生產。

19.8 未來的經濟要仰賴氫氣

最理想的燃料之一是氫氣（H_2）。在重量相等的情況下，氫氣比其他燃料蘊藏更多的能量，這也是爲什麼航太飛行器要使用氫氣發射的原因。只要把水電解就可以產生氫氣，而電解設備又可以利用太陽能發電來驅動。如此一來，氫氣便成爲儲存太陽能的一種方便形式了。

氫氣的燃燒也很乾淨，除了水蒸氣外，幾乎沒有其他的產物。此外，這些水蒸氣還可以用來驅動蒸氣渦輪運轉來生產電能。多餘的熱能則可以應用在工業用途上，或使房屋保持溫暖。另外，從渦輪冷凝出來的水也可以用在農業上或轉變成飲用水，或者循環利用再電解出氫氣。

由於氫氣是氣態物質，因此方便以管線運輸。實際上，把氫氣打進管線中，比利用電線輸送電還節省能量。因此，氫氣工廠可以設在製造成本最低的地區，例如將太陽熱能及光伏特電廠設在沙漠、風渦輪設在風多的地區、生物質量的產地則設在潮濕的地區等等，再把產生的氫氣運輸到需要能源的遠方。

氫氣甚至可以做爲汽車的燃料，如此一來，汽車排放的廢氣主要會是水蒸氣。目前，能吸收大量氫氣的多孔合金已研發成功。當你踩下氫氣燃料車的油門，會送出一道暖化電流到位在油箱裡的合金。合金加熱後，將釋出氫氣，點燃內燃機或啓動燃料電池生電。所以，未來的汽油站說不定會成爲名符其實的「氫」油站！

觀念檢驗站

Q　燃燒氫氣爲什麼不會產生二氧化碳？

你答對了嗎？

A　因爲氫氣中沒有形成二氧化碳所需的碳！氫氣是一種理想的燃料，燃燒氫氣除了產生水蒸氣之外，幾乎別無其他產物：沒有二氧化碳、沒有一氧化碳、也沒有懸浮微粒。

燃料電池利用燃料產生電能

如《觀念化學3》的11.3節所討論的，從氫氣或其他燃料生產電能的最有效方式就是利用燃料電池（fuel cell）。電力公司把許多燃料電池堆起來，可以生產百萬瓦特的電力。今日，燃料電池的產電效率約是60%，遠遠高過燃煤發電廠的產電效率：34%。有趣的是，氫氣的來源之一是煤炭，利用高壓蒸氣及氧氣處理煤炭，會產生氫氣和甲烷氣體。在燃氣渦輪中燃燒這些氣體，可使煤炭的產電效率提高到 42%；而如果讓這些氣體通過可以發電的燃料電池，產電效率將會更高。同時，由於過程中沒有直接燃燒煤炭，因此減少了排放到環境中的汙染物。

利用光伏打電池從水製造出氫氣

地球上最乾淨且最豐富的氫氣來源就是水。從水製造氫氣，最好的方法是電解，只是這種過程很耗能（我們曾在《觀念化學3》的 11.3 節介紹過電解技術）。理想的辦法是利用太陽能驅動的光伏打電池，來提供電解水所需的能量。光伏打電池產生的電可以轉移到下一個電池中，水便在那裡經由電解過程產生氫氣。

過去幾年來，由太陽能製造氫氣的系統不斷在改良，使這套系統愈來愈有經濟價值。不過，把太陽能轉化成氫氣的效率起碼要達到 20%，才能有效應用這套系統。最初的系統產生氫氣的效率都不超過 6%，主要的障礙之一是得研發出具有 1.23 伏特的光伏打電池，因爲這是電解水所需要的電壓。這種電池直到 1998 年才研發成功，提供的效率是 12.4%。到了 2016 年，研究人員宣稱光伏打電池製造氫氣的效率已提高到 30%。目前更新的技術正在研發中，研究人員估計 60% 的效率應該很快就會實現。當光伏打電池的效率到達這種程度時，我們對化石燃料的依賴可望大幅下降。

想一想，再前進

根據美國能源部的預測，到了 2018 年，美國需要的產電量已達到 4,178,000 百萬瓦特。同時，全美有大約一半的的發電廠需要更新甚至退役。這意味著此時此刻，正是發展永續能源的大好機會。對開發中國家而言，甚至是個更佳的機會，因為他們有超過 20 億人民沒電可用，再加上人口成長快速，未來恐怕有更多人無電可用。據估計，未來幾年內要把電能帶給這些人使用，將需要耗費 1 兆美元。因此，要採用怎樣的能源，又要以什麼方式生產能量，這些一時的抉擇，將影響環境直到很久很久以後。

全球各地都將因為節約能源而獲益，而節約能源的最佳搭檔是永續能源。就如 1973 年石油輸出國組織（OPEC）施行的全球石油禁運所示範的成果，節約措施是可以發揮功效的。從禁運開始一直到 1986 年，美國所消耗的能源因為效率提高而維持不變，但經濟卻成長 30%。就節約措施來說，有些人指稱我們已經很接近底限，但有的人卻說有了新科技與新材料的問世，我們所耗費的力氣將不過九牛一毛而已。

目前的超級絕熱建築物在冬天所需的暖氣及夏天所需的冷氣，只需消耗一般建築物十分之一的能量。現在的油電混合車，只要花 1 公升汽油及 25 千瓦的電能，就可以跑 40 公里以上！用 8 瓦特的 LED 燈泡取代一個 60 瓦特的普通燈泡，每年可以避免 1,800 公斤左右的二氧化碳釋放到大氣中（假設採用火力發電）。雖然 LED 燈泡的價格昂貴，但壽命較長，長期使用下來的總成本會比較便宜。

我們的能量需求愈來愈多，主要是因爲人口愈來愈多，如表 19.1 所示，這個表假設每個人消耗 0.003 百萬瓦特，應該就足以達到可接受的生活水準。不過，在已開發國家的 12 億人口中，每人平均的能量消耗是 0.0075 百萬瓦特。因此，如果節約能源措施未能即刻展開，加上開發中國家將來有很多人也是消耗 0.0075 百萬瓦特的電力，那麼到了 2050 年，全世界將需要七千五百萬 MW（百萬瓦特）的電力，到 2100 年則需要一億一千二百萬 MW 的電力，這是 2000 年用電量的 6 倍。

要控制人口的成長也許並不容易，但卻可能比提供更多能量、食物、水（及更多其他東西）給增長的人口簡單。美國的傑佛遜總統（Thomas Jefferson）形容革命是「爲了讓所有平凡的事件持續進行下去，所必須進行的非凡事件。」如果讓所有人類享有高水準的生活品質，是一件平凡的事情，那麼我們免不了需要一次能源的革命。非再生燃料總有耗盡的一天，我們得愈快找到替代能源愈好。

表 19.1　全球漸增的能量需求

年	全球人口（億）	×	每人消耗的電能（MW）	=	總消耗電能（MW）
2000	62	×	0.003	=	1千9百萬
2050	100	×	0.003	=	3千萬
	100	×	0.0075	=	7千5百萬
2100	150	×	0.003	=	4千5百萬
	150	×	0.0075	=	1億1千2百萬

關鍵名詞解釋

功率 power 電能消耗的速率。（19.1）

瓦特 watt 測量功率的單位，1 瓦特相當於每秒消耗 1 焦耳的能量。（19.1）

千瓦-小時 kilowatt-hour 一小時內以一千瓦速率所消耗的能量。（19.1）

煤炭 coal 一種固體化石燃料，由碳氫鏈及碳氫環構成立體網絡的結構，原子間彼此緊密結合。（19.2）

石油 petroleum 化石燃料的一種，是由碳氫分子疏鬆聚集而成的液體混合物，每個碳氫分子上的碳原子不超過 30 個。（19.2）

天然氣 natural gas 化石燃料的一種，是甲烷加少量乙烷、丙烷的氣體混合物。（19.2）

生物質量 biomass 泛指來自植物的東西。（19.6）

光電效應 photoelectric effect 光把原子的電子打掉的能力。（19.7）

延伸閱讀

1. http://www.iea.org

   成立於 1974 年的國際能源總署，旨在關注能源安全問題，尤其是石油的安全問題，但今日它比較著重於如何在不破壞天然環境下生產及使用能量。由這個網站可以看到有關全球能量消耗的最新統計數據。

2. https://www.energy.gov/science/fes/fusion-energy-sciences

這是美國核融合能源科學計畫的網站，該計畫的任務是探究對經濟及環境都有利的核融合能源的基本知識。網站中包含許多有用的連結，可以看到全球各地的融合能計畫。

3. https://thecrestproject.com/

這是美國關於再生能源及永續能源的網站。

4. http://www.ocrwm.doe.gov

美國的輻射廢料管理處成立於 1982 年，旨在開發及管理一套聯邦系統，以處理國防上使用過的核燃料。在此網站上還可以看到美國政府準備把猶卡山做爲核廢料貯存庫的官方立場。

5. http://www.iaea.org

國際原子能總署是世界各國在核能領域上相互合作的國際性組織，他們的工作包括科學與技術上的合作，以及持續關注核能安全問題。

6. http://www.awea.org

這是美國風能學會的網站。自從 1974 年以來，該組織主張發展風能，使它成爲可靠且對環境有利的替代能源。

7. http://www.nrel.gov

這是美國國家再生能源實驗室的網站，由美國能源部經營。

第19章 觀念考驗

關鍵名詞與定義配對

生物質量	石油
煤炭	光電效應
千瓦-小時	功率
天然氣	瓦特

1. ______ ：電能消耗的速率。
2. ______ ：測量功率的單位，相當於每秒消耗 1 焦耳的電能。
3. ______ ：每小時以 1 千瓦的速率所消耗的電能。
4. ______ ：一種固體，它的構造是由碳氫鏈與碳氫環緊密結合而成的立體網絡。
5. ______ ：由碳氫分子疏鬆聚集而成的液體混合物，每個碳氫分子上的碳原子不超過 30 個。
6. ______ ：甲烷加上少量的乙烷、丙烷所形成的混合物。
7. ______ ：植物材料的統稱。
8. ______ ：光把電子敲出原子的能力。

分節進擊

19.1 電能是一種方便的能源形式

1. 電流會產生什麼？
2. 當電線通過磁場時，會產生什麼？
3. 電是一種能源嗎？
4. 什麼是瓦特？

19.2 化石燃料存量有限

5. 爲什麼化石燃料是如此受歡迎的能源？
6. 煤炭爲什麼是最劣等的化石燃料？
7. 洗滌器如何移除煤炭燃燒所產生的有害氣體？
8. 煤炭能轉化成較低汙染的燃料嗎？
9. 爲什麼石油的使用如此便利？
10. 天然氣主要的成分是什麼？

19.3 核能有兩種形式

11. 爲什麼過去 20 年來，美國運作中的核能發電廠數量逐漸減少？
12. 核能電廠必須運作多久，才能回收當初所投資的成本？
13. 生產 155 到 600 百萬瓦特的小型核分裂反應爐有什麼優點？
14. 車諾比核電廠發生爐心熔毀事件時，爲什麼有那麼多的輻射物跑到環境中？
15. 核融合所需的燃料來源是什麼？
16. 目前科學家正在研究中的核融合，可以用哪兩種方式從中獲取能量？

19.4 展望永續能源

17. 所謂的「永續能源」應該如何定義？

19.5 用水來發電

18. OTEC是什麼發電法的簡稱？
19. 為什麼夏威夷特別適合利用海洋溫差發電法來生產電能？
20. 為什麼地熱溫泉往往帶有臭味？
21. 如何利用潮汐來發電？

19.6 生物質量提供化學能

22. 生物質量為什麼可說是一種太陽能？
23. 乙醇和汽油何者含有較高的辛烷值？
24. 為什麼甲醇又叫做木精？
25. 本章中，提到哪一個國家目前以生物質量大規模生產汽車所需的燃料？
26. 什麼是把生物質量轉化成電能的最有效方式？

19.7 從日光生產能量

27. 為什麼太陽能熱水器要塗上黑色的漆？
28. 如何將太陽的熱能儲存起來以供稍後使用？
29. 請說明兩種將太陽熱能轉變成電能的技術。
30. 風力發電的主要缺點是什麼？
31. 把砷原子摻入矽晶中，會如何增加矽的導電性？
32. p型矽是如何產生的？
33. 當 n 型矽片與 p 型矽片緊密壓在一起時，會發生什麼反應？

34. 當光打在純矽片上，會使矽原子的電子鬆脫。請問這些電子都跑到哪兒去了？
35. 當你把 p 型矽片和 n 型矽片相黏，為什麼在 n 型矽片上被光激發出來的電子，不會越過接面的電子屏障，進入 p 型矽片？

19.8 未來的經濟要仰賴氫氣

36. 為什麼氫氣是一種理想的燃料？
37. 未來的汽車可能如何儲存氫氣燃料？
38. 燃料電池與一般的電池有什麼不同？

想一想，再前進

39. 永續能源的最佳搭檔是什麼？
40. 未來幾年內哪一種國家消耗的能量將急遽增加？

高手升級

1. 為什麼燃氣渦輪發電的效率比蒸氣渦輪高？
2. 為什麼用電取代汽油燃料來發動飛機是非常不實際的做法？
3. 為什麼化石燃料可視為一種太陽能？
4. 為什麼以不產生一氧化氮的方法來燃燒各種燃料，是不切實際的想法？
5. 為什麼燃燒天然氣產生的二氧化碳比燃燒石油或煤炭產生的二氧化碳還少？（提示：想想這些化合物的化學式。）
6. 利用核裂能發電有什麼好處？
7. 為什麼連鎖反應控制物質在溫度上升時失去吸收中子的能力，是很危險的事？
8. 為什麼現在很多國家正攜手研發核融合能量？
9. 1973 年石油輸出國家組織曾停止輸出石油一段時間。想想看，這種禁運會對核能產業帶來怎樣的影響？

10. 核裂能發電廠有沒有可能像一顆原子彈那樣爆發？
11. 從核融合獲取能量有哪些益處？
12. 爲什麼投資永續能源是維護國家安全利益的最佳途徑？
13. 既然築水壩發電不會製造化學汙染物，爲什麼許多環保團體反對興建更多的水力發電所需的水壩？
14. 在大氣壓力下，水的沸點太高，無法在海洋溫差發電法中用以推動渦輪發電。你認爲應該如何改造發電系統來克服此問題？這種改造又可以如何從海水獲取淡水？
15. 在地球上如何從 40 萬公里遠的月球獲得能量？
16. 利用食物的生物質量（即一些農作物）發酵來生產乙醇有哪些缺點？
17. 非太陽能的泳池蓋可以如何提高非太陽能的泳池熱水器的效率？
18. 建築在寒冷北國的房子，將窗戶開向南方的目的爲何？
19. 如何利用太陽能爲飲用水殺菌？
20. 太陽的熱能可以如何用來產生我們需要的低溫？
21. 在下面的發電機簡圖中，A處或B處是需要使用能源的地方。請問下列的各種能源分別適用於A處或B處：天然氣、風力、核融合能、水力、煤炭。

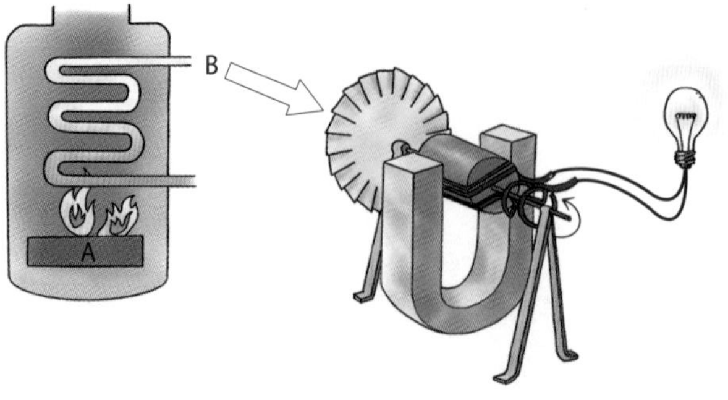

22. n型矽片和p型矽片接面處的電子屏障與單向活門有什麼相似之處？
23. 運作中的光伏打電池裡，電子會經由外部電路移動到帶負電的p型矽片。但電子本身也帶負電，如何能往同樣帶負電的p型矽片移動？難道負電不會相互排斥嗎？
24. 把海水電解以製造氫氣，主要的優點是什麼？
25. 潮汐能的缺點之一是僅能趁潮來潮去之際發電。要如何設計一座潮汐能發電廠，使它可以持續供電，不受潮水大小的影響？
26. 要是火星上也可以住人，且我們也發明出相關技術，能夠把地球上半數人口都移往火星定居，將會發生怎樣的情況？以目前的出生率來看，多久以後我們將面臨兩個（而不是一個）有 60 億人口的星球？（提示：先想想，全球人口突破 30 億是發生在哪一年？）

思前算後

1. 把 100 瓦特的普通燈泡換成亮度相當的 20 瓦特螢光燈泡，每小時可節省多少電費？假設電費的計算是每千瓦-小時0.15美元。

焦點話題

1. 為什麼有人認為化石燃料如此有限反倒是一種福氣？幾個世紀以後，我們的後代子孫對燃燒化石燃料將會抱持怎樣的態度？
2. 1986 年的車諾比核能電廠輻射外漏事件造成數十人立即死亡，且有數千人接觸到輻射物質，可能在未來引發癌症。該事件引發全球人士的恐懼與憤怒，有些人甚至呼籲關閉所有的核電廠。不過，儘管每年有二百萬人死於抽菸相關的疾病，但許多人仍選擇置之不理或照抽不誤。比較這兩者，核電廠所帶來的風險是非自願的，不論你喜不喜歡，都得分攤這種風險。然而抽菸的風險卻是自願的，因爲是你自己選擇要抽的。爲什麼我們對非自願的風險這麼排斥，卻頗能接受自願的風險？

3. 立陶宛比世上任何國家都仰賴核能。它的兩座 1500 百萬瓦特反應爐能生產的電能占全國電能總產量的 80% 以上。然而這兩座反應爐的設計與造成車諾比核漏慘劇的反應爐是相同的。當兩座反應爐同時運作，所生產的電能是該國需求量的 2 倍，使他們可以將多餘的能量銷售給其他國家。若關閉其中一座反應爐，立陶宛每年將要花 40 億美元進口電能。1998 年，一項研究指出立陶宛境內那座較老舊的反應爐無法再安全運作了；然而一旦這座反應爐關閉，立陶宛將缺乏外援來補助進口電能的成本，在這種情形下，他們決定讓兩座核電廠繼續運作至少 15 年。面對這樣的問題，該如何處理？又該由誰出錢負責？

ANSWER

觀念考驗解答

第16章　淡水資源

關鍵名詞與定義配對

1. 水文循環
2. 水位
3. 含水層
4. 滲透
5. 半透膜
6. 逆滲透
7. 定點來源
8. 非定點來源
9. 滲濾汙水
10. 嗜氧菌
11. 厭氧菌
12. 生化需氧量
13. 優養化

分節進擊

16.1 水文循環

1. 地球上大多數的淡水存在極地的冰帽和冰河。
2. 大約 2.8%。
3. 太陽的熱能以及地心引力。
4. 湖泊或溪流。
5. 地球上大多數的流動淡水存在地下的含水層。

16.2 我們把水用到哪裡去了？

6. 美國的用水量在 1980 年是最高峰，1990 年左右又上升，2005 年後又開始下降。

7. 灌溉。
8. 有。由於灌溉技術的改善，自從 1980 年後，美國用水的總量有稍微下降的趨勢。不過這種趨勢隨著人口與工業持續的發展，於 1990 年代發生逆轉。

16.3 淨水廠讓我們喝得安心

9. 如此可移除難聞的揮發性物質，以改善水的味道。
10. 沙子和砂礫。
11. 煮沸或加入消毒用的碘錠。
12. 長久以來，孟加拉的水資源一直受到砷的汙染。

16.4 從鹹水變成淡水

13. 蒸餾及逆滲透。
14. 太陽能蒸餾法需要大面積的用地，每平方公尺的面積一天僅能生產 4 公升淡水。
15. 半透膜含有次微孔，可讓水分子（溶劑）通過，但不允許較大的離子或分子（溶質）通過。
16. 在逆滲透中，水的淨流被逆轉了。滲透作用把淡水轉成鹽水，逆滲透作用則是把鹽水轉變成淡水。

16.5 水汙染源哪裡來？

17. 因爲地下水不容易親近，且許多含水層的水流速率很緩慢。
18. 可以把垃圾掩埋區挖在地底下，並覆上幾層緊密的黏土層或塑膠膜，以防止滲濾汙水的產生；或是利用特殊的裝置將流出的滲濾汙水收集起來。
19. 病菌無法穿透間隙很小的沙子或地下沉積物。
20. 此法案把保護水源的責任從市政府轉移到排放廢水的個人或機構。

16.6 微生物能改變水中的氧濃度

21. 二氧化碳、水、硝酸根、硫酸根等化合物。
22. 甲烷、胺類（例如 $NH_2C_4H_8NH_2$）、硫化物（例如 H_2S）。
23. 當水中的有機質增多時，因為嗜氧菌進行有氧分解，會使溶在水中的氧減少。
24. 肥料會導致地下水含有高濃度的硝酸。

16.7 將廢水處理過再排放

25. 因為夏威夷的四面都是很深的海洋。
26. 第一步驟是過濾不可溶解的廢物，例如咖啡渣、砂石、碎礫、油滴等。
27. 目前是使用電能，不過未來可望利用太陽能或生質能來節省更多的能源。

想一想，再前進

28. 堆肥式廁所不消耗水，且每隔幾個月把廢物移除，可當作庭園花草樹木的肥料。

高手升級

1. 人們需要淡水以維生並繁衍後代。所以人類的社區沿著可以取得淡水的地區發展開來，是很自然的事情。這些地區包括水位高出地表的地方，像是河流、湖泊、小溪等等。拜科技之賜，讓現代人也可以居住在高出地表的淡水資源較少的地區，在這些地方（例如科羅拉多州的丹佛），大多數的飲用水來自深井中的地下水。
2. 海水中的鹽不會與水一起蒸發，因此天空中凝結的水氣屬於淡水。鹽之所以不蒸發，是因為它們對水有很強的親和力，使它們可以牢牢的被許多離子偶極引力抓住。

3. 地表上的降雨大多跑到海洋裡去了。
4. 居民可以採取各種省水措施，例如使用節流蓮蓬頭洗澡，或者安裝堆肥式廁所。地方政府也可以制訂法令，要求或鼓勵居民及商家節約用水。至於聖荷亞金谷的農業，可以引進微灌溉法，例如滴水灌溉（請見《觀念化學 4》的第 15 章），以減少水分的蒸散。此外，如果大家少吃肉，可以減少對牲口的需求量，這些牲口消耗大量的穀物；如此便可減少我們需要生產的穀物量，進而減少栽種穀物時所需消耗的水量。
5. 大多數的地下水出現在含水層，這裡的水流速率緩慢。如果我們停止抽取地下水，含水層中的水流會逐漸使地下水被抽乾的地區（即發生下陷之處）重獲補足。不過，由於地層下陷，地下土壤變得比較緊密，這表示土壤保水的能力比以前差。因此就算停止抽取地下水，土地也許會回升一點（因爲地下水再補充之故），但是不可能再回到原來的水平。
6. 我們的身體當然算是水文循環的一部分囉！當水不斷的進入人體，又排放出去，這提醒我們，構成我們身體的原子和分子，並不屬於我們，我們只是暫時的守護者。
7. 因爲地下水移動得較緩慢，這表示任何汙染物進入地下水後，容易在裡面停滯很久，不會一下子就被沖刷掉。再者，當這些受汙染的地下水還存在地下時，我們根本無法清理。我們唯一能做的，只是把抽取到的地下水純化。
8. 滲濾汙水是流經地下的汙水。由於水是極性物質，因此在滲濾汙水裡的大多數成分也是極性化合物。
9. 使用氯氣的一大好處，是在施用過後好幾天，仍具有抗菌的效果；壞處則是氯的殘餘物會影響水的氣味。臭氧的殺菌效果很好，不過一但它從水中冒出泡泡，表示它已分解成氧氣。因此，臭氧在水中停留的時間不如氯氣久，保護效果比較短；不過，要是把經過臭氧處理的水立即拿來飲用，也不會有什麼大礙。此外，因爲臭氧會分解成氧氣，使經過臭氧處理的水，比用氯氣處理的水好喝。

10. 與我們逐漸增加的需求相比，地球上可供我們利用的淡水實在不多。再者，純化不可飲用的鹹水成本很高。如果沒有淡水，我們也活不成了，因此保護淡水資源，是每個人的責任。

11. 想要從任何溶液中製造淡水，都可以利用逆滲透原理。唯一的先決條件是溶質顆粒必須大於水分子，如此一來，當我們對此溶液施壓時，只有水分子會通過半透膜，從溶液這邊跑到淡水那邊。

12. 滲透是水從溶質濃度低處（水濃度高）移往溶質濃度高處（水濃度低）的過程。因爲樹頂細胞的糖分比樹底細胞的糖分濃度高，水分便藉由滲透作用被迫與重力反向，逆行而上。

13. 我們的嘴巴很懂得辨識飲水中的殘餘物，因此很多人願意多付一些錢購買瓶裝水來喝，但實際上瓶裝水的純度也只比我們使用的自來水好一點點而已。由於兩者的純度其實差不多，因此用乾淨的自來水沖馬桶就像用瓶裝水沖馬桶一樣浪費。在汙水處理廠中，人類的排泄物得先從水中分離出來，再送到掩埋場處理。這樣看來，不如使用堆肥式廁所，可以完全省掉水的浪費，並將人類的排泄物直接送到農地當肥料，而不是跑進掩埋場裡。如果非用水不可，可以改用省水馬桶，或是利用樓上浴缸裡用過的廢水沖馬桶，如下面的設計圖所示：

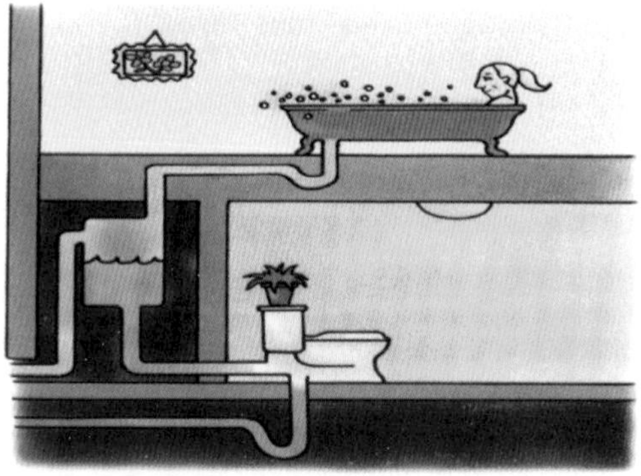

14. 淡水裡的溶質濃度與鹹水裡的溶質濃度相差愈大，滲透壓就愈大。由此可知，想要讓水從鹹水中逆流到淡水中，也需要更大的壓力。利用逆滲透來純化本身已經頗純的水，成本較低，因爲迫使水分子往逆滲透方向流動所需的動力較小。
15. 紅血球內的水濃度比血球外的淡水低，因此如果把紅血球放在淡水中，水會不斷流入細胞內，直到細胞內集了很多水而爆破。要注意的是，當我們說到滲透（或逆滲透），我們著重的是水的濃度，這和前幾章提到溶解在水中的溶質濃度不同。純水的濃度可以從它的密度（即每毫升 1.00 公克）求得。1 公克的水相當於 0.0556 莫耳，已知 1 毫升等於 0.001 公升，因此純水的濃度可說是 0.0556 莫耳／0.001 公升，等於每公升 55.6 莫耳，或 55.6M。
16. 蒸餾水只有在你喝它之前是純水。當它進入你的胃，就與其他東西混合成營養液。唯一的不同是自來水可能含有一些硬水離子，例如鈣，並被身體當作礦物質使用。因此，喝蒸餾水並沒有什麼不對。其實，它幾乎就和其他你可能喝到的純水沒有兩樣。
17. 在冷凍過程中，溶解的鹽在冰晶形成期間會被排除。含大量鹽類的海水，便可以藉由冷凍海水形成冰晶的過程來脫鹽，然後再讓冰晶融化成淡水。不過在冰凍海水之前，得先用淡水沖洗一下海水混合物，以免鹽類聚集在冰晶的小囊袋中。可惜的是，沖洗海水所需的淡水量差不多與冷凍脫鹽法所獲得的淡水量相當，使這種過程變得很沒經濟效益。
18. 靜止的池水比較容易產生難聞的氣味，因爲它缺乏潺潺溪水所含有的氧氣。缺少氧氣的池水，會使厭氧菌蓬勃生長，釋出一些難聞的副產品，例如硫化氫氣。
19. 磷酸是許多植物和微生物的營養素。過去，洗衣粉裡的磷酸往往排入河川、湖泊、池塘等處，導致水中的植物和微生物生長過剩，使水裡溶解的氧氣被消耗殆盡，造成所謂的優養化。
20. 打氣筒可以用來把池水噴向空中，使池水充氣，增加溶解的氧量，有利於水生生物的生長。不過，首先得找出優養化的來源（例如肥料的逕流），並加以阻止。

否則，增加的溶氧量會使藻類的生長更加繁盛。

21. 我們的消化系統中，幫助分解食物的細菌主要是厭氧菌，因爲沒有多少氧氣會從我們的嘴巴進到腸子（這裡是消化作用的大本營）。因此，我們放出來的屁通常很難聞。
22. 任何汙水外漏都可能有害，應該仔細調查。不過這種外漏是否造成嚴重的健康問題，卻要看這汙水滲濾物流經何種土壤。例如，沙土在汙水抵達水源之前，可以濾除大多數的病菌。
23. 人類的排泄物到了汙水處理廠之後，會被分離出來，並送往掩埋場處理。因此何不使用堆肥式廁所，可以完全省掉水的浪費，並將人類的排泄物直接送到農地當肥料，而不是跑進掩埋場裡。
24. 兩者皆能消滅範圍廣泛的病菌，但兩者皆不提供殘餘的保護作用。
25. 進階整合池系統比較適合在那些地方大、陽光多的小社群中使用。除此之外，還要克服社會的慣性，使大家願意採用不同的做法。
26. 設計良好的堆肥式廁所，可以利用通風使嗜氧菌能分解排泄物。這種方式遠勝於厭氧菌在糞池中分解廢物所產生的惡臭，而這是大多數汙水處理廠慣常的做法。

第 17 章 空氣資源

關鍵名詞與定義配對

1. 大氣壓
2. 對流層
3. 平流層
4. 氣懸膠
5. 微粒
6. 工業煙霧
7. 光化學煙霧
8. 溫室效應

分節進擊

17.1 大氣層是很多種氣體的混合物

1. 因為太陽的熱提供氣體動能，使它們向地表上空擴散；但是重力抓住它們，使它們不至於逃逸到外太空。
2. 大氣是由氮、氧、微量的氬以及其他的物質（像是二氧化碳、水蒸氣）所構成。
3. 水、二氧化碳、甲烷、臭氧等等。
4. 對流層。
5. 當在對流層向上移動時，溫度會逐漸下降。若在平流層裡向上移動，溫度會上升。

17.2 空氣汙染無所不在

6. 氣懸膠是由直徑 0.01 毫米的顆粒加上外圍一層水滴所構成的東西，它們會懸浮在空氣中。微粒則是比較大的顆粒，且比較容易沉降到地表。

7. 正常的氣流情況，是受汙染的暖空氣會攜帶汙染物從地表升起，使汙染物在高空中疏散掉。但若是含有汙染物的冷空氣出現在暖空氣之下，冷空氣會受困，使汙染物無法升空，就是所謂的逆增溫現象。
8. 光化學煙霧是空氣中的化學物質受到日光激發而形成的東西；工業煙霧則是工業上的化學反應所產生的物質被釋放到空氣中。
9. 未燃燒的碳氫化合物會被轉化成醛和酮，增添煙霧的臭味。
10. 觸媒轉化器提供的催化劑，提高了汽油燃燒的效率，並降低碳氫化合物的排放。

17.3 臭氧層：地球的防護罩

11. 在平流層裡，紫外線與氧氣反應，形成氧原子，氧原子再與氧氣結合形成臭氧。
12. 臭氧可以保護我們免受陽光中的紫外線輻射的傷害。
13. 北極上空的平流層臭氧也出現被破壞的情形，只是程度未如南極上空嚴重。
14. 1970 年代初期，有人發現氟氯碳化合物會破壞大氣組成。
15. 每年的九月，南極平流層的臭氧破壞情形最嚴重。因爲九月是南極黑暗的冬日結束，太陽開始射入之時。先前平流層中形成的冰晶被太陽加熱後，釋出其中所含的氯原子，這些氯原子會使臭氧分解。

17.4 空氣汙染與全球增溫

16. 二氧化碳、二氧化硫及甲烷都屬於溫室氣體。太陽中的可見光會穿透大氣層，來到地球表面，而溫室氣體則防止地表吸收熱能後發出的紅外線散失到外太空，因此可使地球表面保持溫暖。
17. 空氣的年齡是冰芯深度的函數。
18. 焚燒雨林會把二氧化碳直接釋放到大氣中，而且也消滅了可以吸收二氧化碳的樹木。此外，森林的消失，也減少釋放到空氣中的水氣，使雲層不易形成。
19. 在人類活動所製造的空氣汙染物中，產量最多的是二氧化碳。

20. 因爲全球氣溫受到很多變因的左右，各種變因交互影響的結果也很難下定論。
21. 一種反應是當全球增溫來臨時，要懂得適應各種改變。另一種反應是採取預防措施，盡可能縮減全球增溫的可能。

高手升級

1. 因爲地球的大氣有地球重力的牽引。
2. 死谷的空氣密度會比海平面的空氣密度大，因爲死谷上方有較多的大氣。較多的大氣比較重，表示死谷承受的氣壓也比較大。較大的氣壓會造成死谷的空氣分子都擠在一塊，使空氣密度比較大。
3. 這是因爲在鼓膜外的氣壓下降得比鼓膜內的氣壓快。這裡有個數字供大家參考：商用客機的機艙內所維持的氣壓，相當於你在海拔 2400 公尺的高山上所感受到的大氣壓力。
4. 因爲當飛機升到高空時，包裝內的氣壓大於機艙內的氣壓。我們也可以這樣看：撞擊鋁箔包裝袋內側的空氣分子，比撞擊鋁箔包裝袋外側的空氣分子還多，因此造成包裝袋向外突出。
5. 因爲氧氣分子比氮氣分子大，所以比較重。因此，氧氣要上升到與氮氣相同的高度，需要較多的動能。這是爲什麼大氣中的氮氣比例會隨著海拔高度增加而變大（雖僅些微變大）的原因。
6. 磚塊是固體，表示不容易被壓縮。因此，增加磚塊重量並不會造成磚塊有明顯的壓縮。然而，大氣是由氣體組成的，它比較像由發泡橡膠製成的磚塊是可壓縮的。由此可見，將發泡橡膠磚塊疊在一起，底部的發泡橡膠磚會比頂部的緊密，因爲底部承受了較大的重量。同樣的，靠近地表的空氣比高山上的空氣緊密，是因爲靠近地表的空氣受到上方空氣分子的壓力。

   想要理解其中的緣由，你必須先知道：空氣是有重量的。這也許和你的直覺不同，因爲當你用手向空中抓一把，並不會感受到空氣的重量。不過，你要知道空氣確實有重量，因爲它們會受重力牽引，要不然這些空氣老早就逃散到外太空。我們之所以感受不到空氣的重量，是因爲我們沉浸在空氣中，空氣的重量以大氣壓的形式加諸在我們身上。這情形與我們在水中感受水重的情形相似，我們把自己沉入水中，而無法用手抓水秤重。在這種情況下，水的重量會以水壓的形式加諸在我們身上，當我們游到泳池底部，我們的鼓膜特別能感受到這種力量。

7. 煤炭是一種化石燃料，這表示它源自有機物質的分解。有機物質中的硫，主要存在半胱胺酸和甲硫胺酸這兩種胺基酸中。植物從大氣中吸收氧化硫，做爲製造半胱胺酸和甲硫胺酸的原料，大氣中的氧化硫又是來自火山爆發及化石燃料的燃燒。因此，地球上並沒有最初的硫來源，硫像其他元素一樣，是經由各種途徑不斷的循環。不過，硫本身倒是有一個終極的起源：來自太陽及其他星球上發生的核融合。

8. 這種情形很類似 17.2 節中介紹的逆增溫現象。因爲冷空氣比較貼近地面，暖空氣比較靠近天花板。在這種環境下，溫暖的雪茄煙最初會上升是因爲它的密度比周遭空氣低。但隨著煙的上升，它會冷卻並遇到較靠近天花板的暖空氣，此時，雪茄煙的密度會比上方暖空氣的密度高，因而停止上升。

9. 空氣中的二氧化硫會與氧氣和水反應形成硫酸，雨水又將這些硫酸帶到地表。

10. 暖空氣的密度比冷空氣低，這也是爲什麼在一大片冷空氣中出現暖空氣時，暖空氣會上升的原因。在逆增溫效應中，當密度高的冷空氣位在密度低的暖空氣之下，便形成一種穩定的天氣狀況，因爲氣流不會上升。也就是說，暖空氣會從冷空氣中升起，但冷空氣卻不會穿越暖空氣。

11. 大氣中的氮和氧在極度高溫下（像是在汽車引擎中或是發生閃電時），會彼此反應，此反應的平衡方程式是：

$$N_2 + O_2 \rightarrow 2\,NO$$

12. 這是好消息。要是沒有觸媒轉化器，汽車將排放出更有害的一氧化碳或未燃燒的碳氫化合物。
13. 光合作用會產生氧氣，氧氣從地表上升到平流層，經由紫外線能量轉化成臭氧。另外，植物及其他所有居住地表的生物都受到這些臭氧的保護，因爲臭氧能遮蔽有害的紫外線。
14. 我們都與CFC非常接近。在我們所呼吸的每公升氣體中，平均有大約 25 兆個 CFC。這數字看似很大，但不要忘了分子是很小的東西。因爲它們這麼小，每一公升的空氣中，就有大約 25 兆的 10 億倍個氣體分子，其中主要是氮氣及氧氣。因此，我們可以說在每 10 億個空氣分子中，僅有 1 個是CFC分子。（注釋：從 25 兆的 10 億倍中取 25 兆，相當於從 10 億中取 1。）
15. 從內文中已知臭氧是相當活躍的分子。當臭氧接近地表時，它會與各種物質（例如植物及空氣中的碳氫化合物）反應並分解。因此，汽車製造的臭氧不會滯留太久，當它還來不及上升到南極上空的平流層，就會與其他物質反應而消耗掉。
16. 氯化氫不會在大氣中停留太久，是因爲這種化合物易溶於水，我們可以從它的極性推知（請見《觀念化學 2》的第 6 章）。因此，大氣中的氯化氫容易與水氣相混，並隨著降雨而落到地表。
17. 這是爲了把可見光阻擋在溫室之外，以免溫室內溫度過高。
18. 人類排放到大氣中的二氧化碳，大多數會被海洋吸收。雖然內文並未提及，但有趣的是，自從 1800 年代工業革命以後，海洋才成爲二氧化碳的淨吸收者。而在 1800 年代之前，有證據顯示海洋其實是二氧化碳的淨輸出者！由此可見，我們對全球環境帶來的影響是多麼的大。
19. 溫室效應的產生是因爲大氣能夠捕捉地表的輻射。如果大氣的組成改變，使它捕捉地表輻射的能力下降，溫室效應也會減弱，將使全球溫度下降。
20. 這是由一系列事件所造成的。首先，溫暖的氣候造成海洋加速蒸發，表示大氣中的水氣會增加。接著，這些水氣移動到極地，以雪的形式降臨地表。當地表積雪過多，加上天空中的雲層增多，就導致更多陽光被反射回外太空。最後，隨著愈來愈多陽光被反射回外太空，全球氣溫急轉直下，遂進入冰河時期。

思前算後

1. 需要知道 1 公升空氣中有多少空氣分子，然後把 CFC 分子數量除以空氣分子的總數量再乘以 100%，就可得到空氣中 CFC 分子的百分比。
2. 只要換算一下單位就可以求得答案。首先，把 1 公升轉換成立方公尺，再乘以空氣密度（公斤／立方公尺），如此就能得到 1 公升空氣的質量是多少公斤；最後再把公斤轉換成公克即可得到答案： 1 公升空氣的質量是 1.25 公克。

$$1\text{ 公升空氣}\times\frac{1\text{ 立方公尺}}{1000\text{ 公升}}\times\frac{1.25\text{ 公斤}}{1\text{ 立方公尺}}\times\frac{1000\text{ 公克}}{1\text{ 公斤}}=1.25\text{ 公克}$$

3. （1.25 公克／公升）×（1.0 莫耳／28 公克）＝ 0.045 莫耳
4. 從第1題中我們已知空氣中有 2.5×10^{13} 個 CFC分子。把這個數字轉變成莫耳數（已知 1 莫耳等於 6.02×10^{23} 個分子）：

   （2.5×10^{13} 個CFC分子）×（1莫耳CFC / 6.02×10^{23} 個CFC分子）

   ＝ 4.2×10^{-11} 莫耳CFC

   把每公升CFC的莫耳數除以空氣的莫耳數再乘以 100%，就可以得到空氣中 CFC 分子所占的百分比：

   （4.2×10^{-11} 莫耳CFC / 0.045 莫耳的空氣）× 100%

   ＝ 9.3×10^{-8} % ＝ 0.000000093 %

   由此可見，CFC分子在空氣中的百分比是相當小的。

第 18 章 物質資源

關鍵名詞與定義配對

1. 金屬鍵	4. 鋼鐵
2. 合金	5. 超導體
3. 礦石	6. 複合材料

分節進擊

18.1 紙是由纖維素構成的

1. 纖維素纖維。
2. 紙在第八世紀傳入阿拉伯，並在西元 1100 年傳入歐洲，當時第一家紙磨坊成立於西班牙。
3. 這是一種製造紙的機器，它利用加熱的滾筒來烘乾紙張，並使紙張能大量生產。
4. 1867 年，那時人們發現可以利用硫酸來移除木質素，使樹木的纖維素纖維可以用來造紙。

18.2 塑膠：科學實驗意外發現

5. 1846 年，修班不小心把硝酸和硫酸打翻在地上，並用棉質抹布擦除，因此無意間發現了硝化纖維素。
6. 在火棉膠中加入樟腦，產生了賽璐珞這種可用的材料。
7. 賽璐珞極容易燃燒。

8. 貝克蘭把他發現的相紙賣給伊士曼，使他有足夠的資金研發出電木。
9. 布蘭登柏格注意到餐廳的侍者動不動就把只沾了一點汙漬的精緻桌布丟棄，他覺得很可惜，於是他想發明可以把餐桌上的汙漬輕易抹掉的辦法。
10. 杜邦公司的研究員發現在加入少量的硝化纖維素及蠟之後，可以將玻璃紙轉變成不透水氣的包裝紙。
11. 因爲美國使用的天然橡膠有 90% 是由馬來西亞供應的。沒有了橡膠，美國就無法製造軍機、坦克車所需的輪胎。
12. 聚乙烯，因爲它質地輕巧，而且是理想的絕緣體。
13. 鐵氟龍被用來襯在某儀器的活門、管道內側，此儀器在製造核彈時用於隔離鈾-235。

18.3 金屬來自地球有限的礦石資源

14. 鹵素離子、碳酸根離子、磷酸根離子、氧離子、硫離子。
15. 金屬鹵化物。

18.4 將金屬化合物轉變成金屬

16. 位於週期表左下方的金屬族有很強的失電子傾向，最不容易從金屬化合物中被還原成金屬，因此需要耗費最多能量來回收。
17. 焦煤（還原劑）提供電子給鐵離子，使其還原成鐵原子。
18. 把硫化銅與氧化鐵、石灰石和沙子（二氧化矽）相混加熱，使硫化銅轉變成硫化亞銅。石灰石和沙子則形成熔化的礦渣（$CaSiO_3$），氧化鐵便熔化在其中。熔化的硫化亞銅沉到爐底，密度較低的含鐵熔渣會浮在硫化亞銅上方並被排出。最後，再將分離出來的硫化亞銅烘烤，便得到純化的銅金屬。

18.5 玻璃主要來自矽酸鹽

19. 玻璃的發明拓展了人類的視野，並使人們可以一輩子做研究到老（拜眼鏡的發明所賜）。玻璃也幫助科學的發展，例如改良的玻璃使人們設計出可從發酵液中分離出酒精的蒸餾器。蒸餾出來的酒不僅會使人沉醉其中，還有消毒及促使傷口復原的醫療效果。這樣的結果又導致人們探索其他有潛在療效的天然產物。
20. 構成玻璃的原子缺乏晶體中的原子所具有的週期性排列。
21. 不是。水晶器皿是一種矽酸玻璃，在其中摻入氧化鉛製成的。
22. 在玻璃中加入各種化學物質，可以產生不同的顏色。
23. 可以節省能量與天然資源。

18.6 陶瓷遇熱會硬化

24. 任何在高溫中加熱會硬化的固體物質，稱爲陶瓷。
25. 陶瓷汽車引擎能夠在高溫下運轉，可提高引擎效率。
26. 易碎。
27. 某些陶瓷具導電性。

18.7 複合材料

28. 任何由纖維強化的媒材都可算是一種複合材料。樹木是一種天然的複合物，因爲它結合了纖維素與木質素，形成強韌的物質可以支撐繁盛的枝葉及達到龐大的重量。貝殼也是一種天然的複合物，它是由碳酸鈣與多肽鏈纖維所構成。
29. 建築業、運動器材業、汽車工業等。
30. 複合材料質地輕巧又堅韌，可以承受極端的壓力與溫度，並減少燃料的耗損，所以是製造飛機的理想材料。

高手升級

1. 兩者皆由許多重疊及交纏的線條構成。
2. 樹木長大後可以提供大量的紙漿，但是要樹木長大到一定的程度，需要很多年的時間。
3. 在相同的時間內，工業用大麻產生的纖維素比樹木多很多；工業用大麻所含的木質素也比樹木低很多，這表示它不需要強烈的化學藥劑，就可以分離出纖維素纖維。不過以工業用大麻製造紙的缺點，是目前造紙業都是利用樹木的纖維素造紙，短時間內要把整套機器設備改變成利用工業用大麻造紙，成本勢必很高。另外，把工業用大麻做為造紙纖維來源還有一項政策上的考量，因為它和含THC的大麻是同一種植物，只不過工業用大麻的THC含量較少。因此，把工業用大麻與毒品大麻雜交，可以產生含THC較少的大麻，比較不會成為毒梟青睞的對象。
4. 這些天然的眞菌可以取代硫酸來分解木質素，使纖維素纖維從富含木質素的樹木中分離出來。
5. 和任何科學研究一樣，偶然的意外發現對聚合物的發展有很重大的意義。在所有例子中，科學家都有一個開放與創新的心靈，隨時準備把偶然觀察到的事件善加發揮利用。例如，固特異不小心把硫酸潑進加熱的天然橡膠中，而發現硫化橡膠；修班用棉布擦拭打翻的硝酸，而發現硝化纖維素；布蘭登柏格在餐廳裡看到餐桌上的汙漬，而發明玻璃紙。還有《觀念化學1》的第 1 章曾經提過，當普倫基特（Roy Plunkett）被迫把一個汽缸鋸成兩半時，汽缸內某種化學物質卻意外消失，因而發現鐵氟龍。
6. 火棉膠和賽璐珞都是硝化纖維素的一種形式，所不同的是，賽璐珞是在添加樟腦後變得比較有可塑性的硝化纖維素。
7. 賽璐珞和玻璃紙都源自纖維素。不過，賽璐珞的纖維素上，原來的氫氧基都變成硝酸基。玻璃紙的化學組成則是與纖維素相同，只是它經過化學和機械處理，轉變成薄膜之類的東西。

8. 因爲賽璐珞含有樟腦的成分。
9. 因爲它是由硝化纖維素製成的，火藥棉及火焰紙（flash paper）這類高易燃性的物質也是由硝化纖維素製成。
10. 兩者都是熱固性聚合物，含有由交互連結的聚合物所構成的立體網絡。雖然兩者的結構相似，化學組成卻很不同。密胺樹脂含有高比例的氮原子，且是由三聚氰胺及甲醛組合而成的東西。電木則不含氮原子，且是由酚及甲醛組合而成的東西。
11. 火棉膠、帕克賽因、賽璐珞、黏膠、玻璃紙、PVC、尼龍、鐵氟龍。
12. 礦石是含有豐富金屬化合物的地質沉積物。這些含有礦石的地帶之所以有價值，是因爲我們可以經由化學反應，有效的從金屬化合物中提煉出純化的金屬。
13. 當然不是！金屬鹵化物絕非僅限於第一族金屬。事實上，大多數的金屬都能形成鹵化物，例如氯化鐵和氯化銅。圖 18.12 僅顯示最常見的金屬化合物形式，在自然界，鐵最常以氧化物形式存在，銅則最常以硫化物形式存在。
14. 無論是純金屬或是合金，都僅由金屬原子利用金屬鍵所構成。金屬的特徵包括導電性、延展性、不透明等。金屬化合物則是由金屬離子與非金屬物質結合而成的東西，例如三氧化二鐵。自然界中，僅少數金屬以純金屬的形式存在，包括金、銀、鉑；大多數金屬都是從礦石中的金屬化合物提煉出來的。
15. 鼓風爐是利用物理特性來分離金屬，其中熔解的還原鐵因爲密度較高，會沉在熔渣之下；另一個例子是浮選法，這是利用金屬硫化物不具極性的特質，使它能被油吸引。利用化學特性的例子則包括電解金屬（例如不純的銅）；以及還原純化的金屬礦石（例如鐵礦石），這種方式使用到高溫的鼓風爐，並以碳（焦煤）做爲還原劑。
16. 要把鈉離子還原成鈉金屬是非常困難的事，因爲鈉的離子化能很低。換句話說，鈉很容易失去價電子，從它位在週期表的左邊即可知。因此，也許鐵可以提供電子給銅離子，使其還原成銅金屬；卻很難提供電子給鈉離子，使其還原成鈉金屬。

17. 這個問題的核心不在於地球有沒有足夠的金屬原子，地球上確實有很多金屬，只是我們要考量開採這些金屬原子的成本。如果金屬原子平均分布在地球各角落，開採的成本將分常非常高，所幸地質的形成過程使一些含金屬化合物的礦石集中起來。要知道，只有我們自己提煉的金屬原子可以循環利用。如果我們不循環利用這些金屬原子，往後將面臨金屬礦石的短缺，使我們無法製造出需求量愈來愈大的金屬產品及建材。
18. 透明的玻璃是勻相混合物，這表示從原子、分子的角度來看，玻璃的裡裡外外都具有相同的組成。
19. 玻璃只有在熔化狀態下，才不易碎。
20. 因為玻璃比塑膠重，在飲料體積相同的情況下，玻璃瓶裝的飲料比塑膠瓶裝的飲料在運輸時更耗油，這表示玻璃瓶裝的飲料在運輸時需要燃燒較多的汽油，因而加重空氣汙染。
21. 陶瓷是由黏土在高溫加熱中形成的。在加熱的過程中，玻璃的矽酸成分會熔化，並滲入黏土包圍微膠囊；在冷卻過程中，矽酸逐漸凝固，把微膠囊都抓在一起，因此很像硬化的黏膠。
22. 因為傳統的汽車引擎是金屬做的，要是沒有冷卻器來降溫，引擎將達到使金屬熔化的溫度。金屬要是熔化了，引擎就會損毀。
23. 任何的複合材料在纖維延展的方向之外，都是很脆弱的。膠合板是由一層層薄板堆疊而成的，堆疊時上一片的紋理會與下一片的紋理垂直，因此在兩個特定的方向上會出現強大的堅韌度。不過若把膠合板鋪在地上，在與地面垂直的方向上，並不具纖維的紋理，因此這個方向是相當脆弱的，這也說明為什麼老的膠合板往往因為曾黏在一起的薄板不再相疊而最先瓦解。
24. 工程師藉由添加鋼筋纖維，來增加混凝土的堅韌度。這種強化的混凝土也是複合材料的一例。

第19章 能源

關鍵名詞與定義配對

1. 電力	5. 石油
2. 瓦特	6. 天然氣
3. 千瓦-小時	7. 生物質量
4. 煤炭	8. 光電效應

分節進擊

19.1 電能是一種方便的能源形式

1. 電流會產生磁場。
2. 如果把一塊磁鐵從電線上方移動過去就會引起電流。
3. 電是一種需要能源的能量形式。
4. 瓦特是測量電能消耗速率的單位。

19.2 化石燃料存量有限

5. 因爲化石燃料很容易取得、蘊藏大量的化學能、方便運輸、且是製造許多塑化產品的原料。
6. 因爲煤炭含有比例很高的雜質，像是硫、重金屬毒物、放射性同位素等。
7. 在洗滌器中，氣體排放物與石灰石接觸形成固體硫酸鈣，再將硫酸鈣收集後送到垃圾掩埋場處理。

8. 可以，用加壓蒸氣和氧氣處理煤炭，就能製造出氫氣這種乾淨、低汙染的燃料。
9. 因爲石油是液態物質，使用量大的時候比固體能源方便處理。
10. 天然氣主要是由甲烷或丙烷構成。

19.3 核能有兩種形式

11. 因爲較老舊的核能電廠已經關閉，而大眾對核能電廠的負面印象，使新的核能電廠遲遲未能興建。
12. 大約需要 20 年。
13. 規模較小的核分裂反應爐比較容易管控經營，且可以同時運作，生產足以供應某地區的電能。
14. 因爲車諾比核電廠的反應爐核心未依照國際核定的安全標準來建造及運作，例如說，反應爐並未設置在一個密封的建築物內。
15. 核融合是由氘原子和氚原子融合所驅動的反應，生成物是氦和中子。中子會夾帶大量的動能，從反應器逃出。
16. 一種是利用強大的雷射光束；另一種則是利用強大的磁場，從原子核獲取能量。

19.4 展望永續能源

17. 永續能源必須是取用不盡，並且對環境無害的能源。

19.5 用水來發電

18. 海洋溫差發電法。
19. 因爲夏威夷的海水表面與深水處的溫度差異很大，且深水區就在距離岸邊不遠處。有趣的是，那裡的OTEC技術研發者還發現這項技術的一些附加利益，例如可以生產淡水、提供冷氣空調，以及供應水產養殖所需的養分等，這些附加利益甚至比發電本身還有價值。

20. 因爲這些溫泉會釋出硫化氫，而這種物質讓溫泉聞起來很像臭雞蛋的味道，可說是地熱能的汙染物之一。
21. 可用水壩攔截海灣或河口的水。當潮水流進又流出水壩，可帶動槳輪或渦輪，用以發電。

19.6 生物質量提供化學能

22. 因爲它是由植物利用光合作用把太陽能轉化成的化學能。
23. 乙醇。
24. 因爲它是經由木本生物質量加熱所得到的東西。
25. 巴西。
26. 利用高壓空氣與蒸氣可將生物質量轉變成氣態燃料，燃燒此氣態燃料所產生的氣體可以被引入燃氣渦輪中發電。

19.7 從日光生產能量

27. 因爲這樣有利於吸收及保留日光。
28. 一種方法是把任何可吸收太陽熱能的媒介（例如水）隔離起來；另一種方法則是把太陽熱能轉化成電能，儲存在電池中。
29. 一種是把合成油打入管徑中去吸收太陽熱能；另一種則是利用太陽追蹤聚能鏡將日光集中照耀在一個中央塔頂端。
30. 風力發電的主要缺點是風渦輪引起的噪音很大，而且破壞天然景觀。
31. 砷有 5 個價電子，其中 4 個電子會與矽的電子形成鍵結。剩下第 5 個電子則呈游離狀，能增加矽的導電性。
32. 把硼摻入矽晶格中，可產生 p 型矽，因爲其中含有電子洞，這是硼的 3 個價電子與矽的 4 個價電子結合的結果。
33. 電子會從 n 型矽片穿越接面往 p 型矽片移動。

34. 鬆脫的電子會在鄰近的原子間隨意移動，沒有固定的位置。
35. 因爲在接面處的電子流是單向性的，電子只能從 *p* 型矽片穿越接面移動到 *n* 型矽片上。

19.8 未來的經濟要仰賴氫氣

36. 因爲它蘊藏的能量比任何等重的其他燃料還多。
37. 未來的汽車可以利用多孔金屬合金來儲存氫氣燃料。這些合金能吸收大量的氫氣。當踩下汽車油門時，會送出一道暖化電流到油箱中的合金。合金暖化後，將釋出氫氣燃料到引擎的燃燒室。
38. 燃料電池比一般電池輕，且會產生水，一般電池則不會。而且只要提供燃料，燃料電池就可以持續運作。

想一想，再前進

39. 永續能源的最佳搭檔是節約能源。
40. 那些人口成長迅速的開發中國家。

高手升級

1. 因爲燃氣渦輪用比較直接的方法帶動渦輪運轉。就蒸氣渦輪而言，得先燃燒燃料把水加熱以產生水蒸氣，再用水蒸氣推動渦輪運轉。但是在將水加熱的過程中，不可避免的會有些熱能散失到周遭環境中；而就燃氣渦輪而言，燃燒的熱產物可以直接用以推動渦輪運轉，所以效率較高。
2. 確實有一些飛機是利用電能來運作，不過它們不是一般客機，而是一些遙控的滑翔機型，用來攜帶科學儀器到對流層之上的高空去做探測；在那裡，飛行器可以利用太陽能電池來發動。

至於要攜帶重物（例如乘客）的飛機，則需要大量的動力，尤其是起飛時。若要用長長的電線把飛機與發電廠相連，顯然是不可行的方式。而把電能儲存在機上的電池中也同樣不可行，主要是因爲這些電池太重了。目前最佳解決之道就是讓飛機攜帶燃料，當燃料燃燒時，就可提供大量的動力供飛機所需。

3. 化石燃料是來自幾千萬甚至幾億年前的植物遺骸。這些植物當初經由光合作用獲取能量，因此燃燒化石燃料等於是間接利用太陽能。
4. 因爲在高溫下，大氣中的氮和氧會很快的形成一氧化氮。基於此因，不管任何燃料在高溫下燃燒，都會形成一氧化氮。唯一能防止一氧化氮生成的方式，是在燃燒過程中排除氮氣，但這樣做將大幅降低成本效益。
5. 想要形成二氧化碳，必須有碳元素的存在。因此，燃料中碳元素的比例愈低，排放出來的二氧化碳就愈少。構成天然氣的分子中，碳的比例較低，氫的比例較高。以甲烷分子爲例，它是 1 個碳與 4 個氫結合。至於源自石油的辛烷，則是 8 個碳與 18 個氫結合，碳氫比例相當於1 ： 2.25 ，比甲烷的1 ： 4還高一些。
6. 利用核裂能發電幾乎不會使大氣受到二氧化碳、氧化硫、一氧化氮、重金屬、微粒等物的汙染。此外，課文中未提到的是，核分裂反應爐所需的燃料，有豐富的來源，它是可以由鈾-238製成的鈽-239。試著在搜尋引擎中鍵入「breeder reactor」（滋生式反應器），可以找到更多相關資料。
7. 如果控制物質隨著溫度的上升，而失去吸收中子的能力，則隨著核能反應爐的增溫，中子數量將呈等比級數增加，並促成進一步的核裂反應。因爲控制物質在較高溫度下無法吸收中子，導致愈來愈快、終至失控的效應。當反應爐的溫度到達一個臨界點，核裂反應將加速到發生熔毀的地步。今日，反應爐的設計已經改良，使控制物質在逐漸增高的溫度下，有較佳的中子吸收能力；這就是一種有效的被動安全機制。
8. 因爲想要創造符合經濟規模的核融合發電廠，需要克服許多技術上的困難。因此，許多國家決定聯合發展核融合能，好讓財力資源與人力資源匯整起來。

9. 石油輸出國家組織禁止出口石油，對核能產業會是一項恩賜。這種禁運可算是一種手段，目的是要提醒大家僅仰賴一種能源的危險性，並促使新核能電廠的興建。有趣的是，自從那時開始，美國境內未曾再興建新的核能電廠。

10. 不可能！核電廠最糟的情形是「熔毀」，這是發生於當未冷卻的反應爐溫度過高，使密封建築物遭熔毀的情形。核燃料中最多僅含 4% 的可裂解鈾-235，其餘的燃料都是無法裂解的鈾-238。如《觀念化學1》第 4 章提過的，想要製造一顆原子彈，鈾-235 的含量必須增加到 90%。

11. 核融合所需的燃料是來自海洋的氫同位素，這種燃料的來源比其他所有能源的總量還多好幾倍。此外，核融合反應爐產生的放射性產物比現今的核分裂反應爐所產生的還少。另外，就像核分裂反應爐一樣，核融合反應爐也不會製造空氣汙染物。

12. 由於化石燃料是一種有限資源，隨著存量愈來愈少，它的成本將持續攀升。如此一來，將可能重挫國家經濟。而且，化石燃料愈來愈少，也可能提高國與國之間的政局緊繃情勢，尤其是在產油國與非產油國之間。投資永續能源的開發，可使非產油國家能源獨立，允諾後代子孫一個能源常在的未來。

13. 雖然水壩本身不會製造化學汙染物，但是它卻會衝擊當地生態系，影響許多生物的生存，包括當地居民要被迫遷離家園，以免水壩洩洪帶來的氾濫。

14. 海洋溫差發電系統中可以在減壓環境下進行，此時水的沸點較低。蒸發又冷凝的水可以從系統抽出，成為淡水的來源。

15. 可藉由地球和月球之間的重力牽引，產生潮汐能量來發電。有趣的是，這套引力系統在製造全球潮汐過程中所損失的能量，會導致地球自轉趨緩。所以早在恐龍時代，一天只有 19 個小時；而在遙遠的未來，一天將有 46 小時。到時地球的自轉將完全配合月球的軌道，結果是當地球人仰望月球時，會發現月球總是出現在天空中的同一位置。

16. 從食物發酵製造乙醇是相當昂貴的方式，因為生產農作物對經濟與環境的成本都很大。再者，既然生產的是食物，應該要把它們輸出到世界上糧食缺乏的地區。
17. 如果你的泳池是用非太陽能加熱器（例如瓦斯爐）來保持水溫，那麼即使是非太陽能的泳池蓋也可以藉由減少水的蒸發量來保持水溫。
18. 在地球靠北的地區，太陽會從南方射入。因此，這些地區的房子在設計上必須多讓窗戶朝向南方，這樣可以接收到較多日照，使屋子溫暖。
19. 可以讓飲用水流經太陽能收集器的高溫區；如果把水裝在加壓管中，水溫將會升到極高點，使細菌立即被殺死。另一種較便宜的方式，則是建造太陽能蒸餾器（如第 26 頁圖 16.10 所示），來純化飲用水。
20. 可以利用太陽能發電，再利用產生的電能驅動電冰箱或冷氣機。
21. 適用於A處的有：天然氣、核融合能、煤炭；適用於B處的有：風力、水力。
22. n 型矽片和 p 型矽片接面處形成的電荷累積，會造成迴路中的電子僅朝單一方向流動。
23. 電子不會自行移動到帶負電的 p 型矽片。然而，只要施予足夠的能源，就可以強迫電子往負電方向移動。就光伏打電池而言，這種能源便是日光，它能敲掉此方向上的電子。
24. 海水本身已含有讓水中產生電流所需的離子。
25. 可以將電解海水產生的氫氣儲存起來，在潮水變化最小的期間，以氫氣做為燃料電池的燃料，以產生電能。
26. 全球人口在 1960 年突破 30 億，而且只花了 40 年左右，世界人口已從 30 億加倍為 2000 年的 60 億。如果把地球人口分一半到火星上，再過 40 年後，將出現兩個有 60 億人口的星球。因此，就算我們有另一個星球可以居住，人口過剩的問題還是會跟著我們。因此，大家應該把重點放在如何把出生率降到地球可以承受的程度。

思前算後

1. 首先計算使用 100 瓦特燈泡一個小時的電費：

已知 100 瓦特等於 0.1 千瓦

$$0.1\ \text{千瓦} \times 1\ \text{小時} = 0.1\ \text{千瓦-小時}$$

$$0.1\ \text{千瓦-小時} \times \frac{0.15\ \text{美元}}{\text{千瓦-小時}} = 0.015\ \text{美元}$$

再來計算使用 20 瓦特燈泡一小時的電費：

$$0.02\ \text{千瓦} \times 1\ \text{小時} = 0.02\ \text{千瓦-小時}$$

$$0.02\ \text{千瓦-小時} \times \frac{0.15\ \text{美元}}{\text{千瓦-小時}} = 0.003\ \text{美元}$$

因此，省下的錢是0.015減0.003，也就是每小時可省0.012美元（1.2分美元）。這聽起來也許沒差多少，但如果全美五千萬家庭用戶都把 100 瓦特的普通燈泡換成 20 瓦特的螢光燈泡，那麼每年可省下的總電費將是五十億美元！

週 期 表

非金屬元素	綠字元素：固態
金屬元素	橘字元素：液態
兩性元素	藍字元素：氣態

1 — 原子序
氫 — 元素名稱
H — 元素符號
1.008 — 原子量

	1	2	3	4	5	6	7	8	9	10	11	12	13	14	15	16	17	18
週期 1	1 氫 H 1.008																	2 氦 He 4.003
週期 2	3 鋰 Li 6.94	4 鈹 Be 9.012											5 硼 B 10.81	6 碳 C 12.01	7 氮 N 14.01	8 氧 O 16.00	9 氟 F 19.00	10 氖 Ne 20.18
週期 3	11 鈉 Na 22.99	12 鎂 Mg 24.31											13 鋁 Al 26.98	14 矽 Si 28.09	15 磷 P 30.97	16 硫 S 32.06	17 氯 Cl 35.45	18 氬 Ar 39.95
週期 4	19 鉀 K 39.10	20 鈣 Ca 40.08	21 鈧 Sc 44.96	22 鈦 Ti 47.88	23 釩 V 50.94	24 鉻 Cr 52.00	25 錳 Mn 94.94	26 鐵 Fe 55.85	27 鈷 Co 58.93	28 鎳 Ni 58.69	29 銅 Cu 63.55	30 鋅 Zn 65.38	31 鎵 Ga 69.72	32 鍺 Ge 72.63	33 砷 As 74.92	34 硒 Se 78.97	35 溴 Br 79.90	36 氪 Kr 83.80
週期 5	37 銣 Rb 85.47	38 鍶 Sr 87.62	39 釔 Y 88.91	40 鋯 Zr 91.22	41 鈮 Nb 92.91	42 鉬 Mo 95.95	43 鎝 Tc (97)	44 釕 Ru 101.1	45 銠 Rh 102.9	46 鈀 Pd 106.4	47 銀 Ag 107.9	48 鎘 Cd 112.4	49 銦 In 114.8	50 錫 Sn 118.7	51 銻 Sb 121.8	52 碲 Te 127.6	53 碘 I 126.9	54 氙 Xe 131.3
週期 6	55 銫 Cs 132.9	56 鋇 Ba 137.3	57-71 鑭系元素	72 鉿 Hf 178.5	73 鉭 Ta 181.0	74 鎢 W 183.8	75 錸 Re 186.2	76 鋨 Os 190.2	77 銥 Ir 192.2	78 鉑 Pt 195.1	79 金 Au 197.0	80 汞 Hg 200.6	81 鉈 Tl 204.4	82 鉛 Pb 207.2	83 鉍 Bi 209.0	84 釙 Po (209)	85 砈 At (210)	86 氡 Rn (222)
週期 7	87 鍅 Fr (223)	88 鐳 Ra (226)	89-103 錒系元素	104 鑪 Rf (267)	105 𨧀 Db (268)	106 𨭎 Sg (269)	107 𨨏 Bh (270)	108 𨭆 Hs (269)	109 䥑 Mt (278)	110 鐽 Ds (281)	111 錀 Rg (282)	112 鎶 Cn (285)	113 鉨 Nh (286)	114 鈇 Fl (289)	115 鏌 Mc (290)	116 鉝 Lv (293)	117 鿬 Ts (294)	118 鿫 Og (294)

鑭系元素	57 鑭 La 138.9	58 鈰 Ce 140.1	59 鐠 Pr 140.9	60 釹 Nd 144.2	61 鉕 Pm (145)	62 釤 Sm 150.4	63 銪 Eu 152.0	64 釓 Gd 157.3	65 鋱 Tb 158.9	66 鏑 Dy 162.5	67 鈥 Ho 164.9	68 鉺 Er 167.3	69 銩 Tm 168.9	70 鐿 Yb 173.1	71 鎦 Lu 175.0
錒系元素	89 錒 Ac (227)	90 釷 Th 232.0	91 鏷 Pa 231.0	92 鈾 U 238.0	93 錼 Np (237)	94 鈽 Pu (244)	95 鋂 Am (243)	96 鋦 Cm (247)	97 鉳 Bk (247)	98 鉲 Cf (251)	99 鑀 Es (252)	100 鐨 Fm (257)	101 鍆 Md (258)	102 鍩 No (259)	103 鐒 Lr (266)

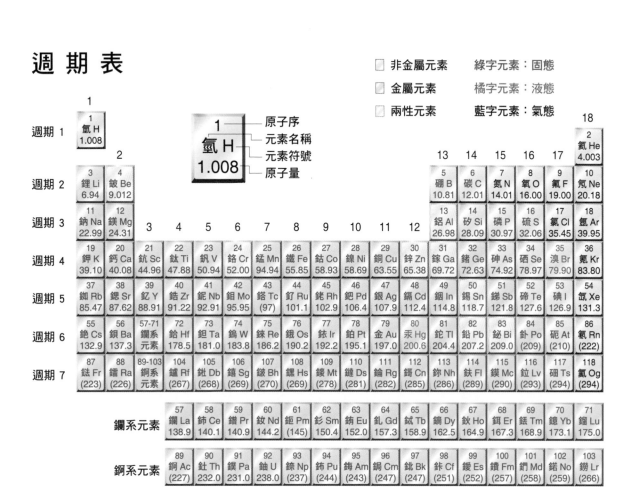

附記

用孩子般好奇的眼睛看世界

我們生來就對環境感到好奇，想探究這個奇妙世界中的一切祕密。所以，我讓小朋友眼中的好奇火花，出現在這本書中，爲的是要時時提醒我們這一點。

在《觀念化學 2》的圖 8.32 裡，大家可以看到我太太崔西（Tracy）利用水的氣化，無畏的在熱炭上行走。在《觀念化學 3》的圖 9.18 中，她正在觀察彈珠，研究動能如何轉換成熱能。而在《觀念化學 1》的圖 1.16，用弓箭來示範位能的，則是我可愛的長子艾恩（Ian）。他在《觀念化學 1》圖 3.17 的照片裡，還是媽媽懷裡的小寶寶，我們從這張照片中知道，「親密無間」只是心裡的感覺。

我們的老三麥翠雅（Maitreya），有一張嬰兒及兒童時期的相片出現在《觀念化學 4》的圖 13.41 裡。而為了強調纖維素的功能，這個兩歲的小女孩，手裡拿著一枚色彩斑斕的楓葉；這是在《觀念化學 4》圖 13.9 中的景象。另外，在《觀念化學 1》的圖 1.11 裡，我的二兒子伊凡正在享受他最喜歡的飲料，還是公升裝的大瓶呢。至於他和母親一起享受夏威夷宜人海灘的情景，則出現在《觀念化學 3》的圖 11.2 中，這張圖的內容是討論照相牽涉到的化學。還有

《觀念化學 2》圖 6.9 的照片，是艾恩手裡拿著一顆螢石。《觀念化學 2》的圖 5.19，則是我彈吉它的照片。

在《觀念化學》中，還可以看到我們家族裡的其他成員。我姪兒奧爾（Graham Orr）出現在《觀念化學 1》的圖 2.12，他正享受著地球上最珍貴的資源之一——水。而出現在《觀念化學 2》圖 5.8 裡，正看著分光鏡的，則是我的好朋友，也是以前的室友崔席（Rinchen Trashi）。

除了家族成員的照片之外，書裡還有很多朋友及朋友小孩的照片。阿雅諾（Ayano Jeffers-Fabro）是《觀念化學 1》圖 1.10 裡，那個抱著樹的可愛女孩。拉賓諾夫（Jill Rabinov）和她的女兒米謝拉（Michaela），一同出現在《觀念化學 1》第 94 頁的觀念檢驗站，示範生物生長的化學特質。史蒂文斯（Cole Stevens）出現在《觀念化學 2》的圖 8.1，讓我們瞭解水在凝冰時，有什麼迷人的特性，還有什麼樣的體積變化。

而在《觀念化學 4》第 13 章的開頭（第 12 頁），丹尼爾（Daniel Glassman-Vinci）和他的孿生兄弟傑可布（Jacob）一同出現；我要讓你們猜猜：他們兩人是同時拍照，還是不同時候拍的照片？仔細閱讀 13.0 節的開場白就知道了。最後，但並不是最不重要的，是尼爾森（Makani Nelson）在《觀念化學 4》的圖 13.1 裡，為我們展示了人體是充滿細胞和生化分子的集合體。

在《觀念化學》裡大量採用我家人和朋友的相片，對我而言，是非常美好的紀念。也希望你們能夠感受到，這是個奇妙的世界，有待你們用孩子般好奇的眼睛一一去探索。

坐在我舅舅休伊特膝上的，是當時還是幼兒的伊凡（我的二兒子）。對伊凡而言，舅公手中這隻初生的小雞跟這個世界的所有事物，都充滿了無限的驚奇，讓他迫不及待的想要一一去探索。

誌謝

每位作者都知道，我們對親密家人的虧欠，是無法用言語或文字表達的。我家人對我的完全信賴以及無悔支持，是無價的禮物。所以首先，我要把這本書獻給我的太太崔西（Tracy），感謝她無比的耐心，以及每天投注在我身上的時間與愛。經過我們無數次的深夜長談，還有她逐字逐句的校閱，才終於使這本書的輪廓逐漸浮現。至於我的三個孩子艾恩（Ian）、伊凡（Evan）和麥翠雅（Maitreya），他們看到的老爸是成天坐在電腦前，不知道在忙些什麼的人；我要謝謝你們讓我注意到，什麼是生命中最重要的事。

在寫《觀念化學》的過程中，我要感謝許多人的協助，我欠他們一份情。其中，我首先要謝的是身兼舅父、我的導師及好友的休伊特（Paul G. Hewitt，《觀念物理》的作者）。他在1980年代早期，就爲這本書埋下種子，不斷給我鼓勵、啓發我、包容我，並持續爲這本書催生。我衷心的感謝他對我的指導以及諸多照顧。

我也十分慶幸自己有一群非常有能力的親戚，他們給我很大的協助。首先要謝謝舅舅和萊絲莉嬸嬸（Leslie Hewitt Abrams），允許我使用他們在《觀念物理》書中的東西。也謝謝我那藥劑師妹妹瓊恩

（Joan Lucas），和做化學工程師的妹夫盧卡斯（Rick Lucas），他們倆一個幫我擬出《觀念化學4》第 14 章的草稿，一個提供我很多有關石化工業的資訊。我的另一位妹妹凱西（Cathy）的先生是個石頭收集者，名叫坎德勒（Bill Candler），他提供了許多礦石標本和照片。我也要感謝我的繼兄凱勒（Nicholas Kellar），他是分子遺傳學家，《觀念化學4》第 13 章有關基因工程的探討，就是他的功勞。另外，還要謝謝我那位電子顯微鏡專家的表哥韋伯斯特（George Webster）和他太太洛莉塔（Lolita）；他們提供了電子顯微鏡照片。

我要特別感謝我的母親瑪卓麗（Marjorie Hewitt Suchocki）和父親約翰（John M. Suchocki）。謝謝他們無盡的愛和啓發，讓我可以用積極而正面的態度來面對生活。我也要在此向其他的親朋好友致謝，感謝他們這些年來一直支持我、幫助我。其中特別值得一提的，是我的岳母霍普伍德（Sharon Hopwood），她幫忙找了很多照片，而且是個了不起的外婆。

另外，還要感謝我從前在維吉尼亞州立邦聯大學的老師梅氏（Everette May）和史奈登（Albert Sneden）教授。同時，我也要特別謝謝過去在里沃德社區學院（Leeward Community College）的同事對我的支持。特別是在我忙著寫書的休假年，他們分擔了我的教學工作。其中，我特別要致意的有：里斯（Michael Reese）、阿薩托（Bob Asato）、希洛馬（George Shiroma）、多明哥（Patricia Domingo）、卡布羅（Manny Cabral）、李氏（Mike Lee）、莫罕南（Kakkala Mohanan）、山本（Irwin Yamamoto）、托馬斯（Stacy Thomas）、松（Sharon Narimatsu）、還有西利曼（Mark Silliman）。另外還有聖米迦勒學院的薛洛（Alayne Schroll）及其他同事。我特別要謝謝學院的院長肯尼（John Kenney），願意接受我到他們學校去。還有，我也要再次謝謝西方學院（Occidental College）的藍伯特（Frank L. Lambert）教授，他協助我完成《觀念化學》裡有關熱力學第二定律那部分的內容。

關於《觀念考驗》的編寫，我要感謝亞利桑納州立大學的馬克斯（Pam Marks）。另外，馬克斯的研究生李蒂（Debbie Leedy）和摩根（Rachel Morgan）幫忙回答了其中「關鍵名詞與定義配對」的部分，我也一併在此致謝。

在《觀念化學1》的第 1 章裡，我提到了美國阿拉巴馬州伯明罕大學的麥克林托克教授和南佛羅里達大學的貝克教授，他們在南極洲的研究工作。他們兩人不但很快就同意我的引述，還寄來許多很漂亮的南極照片。我禁不住要爲他們喝采與致敬。

有很多人在這本書的發行過程中，扮演了關鍵的角色。他們包括：韓福瑞（Dong Humphrey）、麥卡錫（Shelly McCarthy）、皮特里（Cathleen Petree）、卡斯特里恩（Mary Castellion）、史達頓（Richard Stratton）、科里（Paul Corey）、查利斯（John Challice）以及後來的馮德林（John Vondeling）。我得感謝他們的慷慨協助和有益的建議。

《觀念化學》原文的第一版能有機會出書，我深深的欠羅伯茨（Ben Roberts）一份大情。而在這本書裡，他既是催生者，又身兼資深編輯。他一直有個不變的信念，就是要提供最好的學習工具給學生，絕不打折也毫不馬虎。我們花了很多時間一起思索不少問題，他是我的密友之一。眞的很感謝你，班，謝謝你的遠見並給了我這個機會。

至於這麼多年來，對於書中的每段文句逐一細心推敲的，是本書的責任編輯契茲姆小姐（Hilair Chism）。她那聰明的腦袋瓜記得住許多我很容易忘記的小細節，我對她深致謝忱。尤其她又身負本書的美術編輯重任，成果各位有目共睹。和她一起工作的這些年，對我也是前所未有的學習經驗，我永遠珍視這份情誼。事實上，《觀念化學》不僅僅受惠於一位編輯，而是兩位。努尼絲（Irene Nunes）是《觀念物理》的責任編輯，而她對本書也有很多貢獻。

至於《觀念化學》原文的第二版，我還要感謝化學編輯史密斯（Jim Smith）和資深編輯羅格里洛（Frank Ruggirello）。謝謝吉姆和法蘭克，以及戴維斯（Linda Baron Davis），謝謝你們給我的信心和對我的信任，充分尊重我這個著者。另外，我也要感謝梁氏（Lisa Leung）和霍普伍德（Sharon Hopwood）爲我準備原稿。

我衷心的感謝馬須（Joan Marsh）對於《觀念化學》製作的全程監督。至於呈現的技巧，則應歸功於科伊克（Emi Koike）、金姆（Blakeley Kim）、藝術家伍爾西（J. B. Woolsey）和一些相關人士。特別感謝雷克（Jean Lake）和阿瑟羅（Tony Asaro）爲我準備輔助材料，還有奧特維（Margot Otway）爲整個計畫貢獻心力。多芙太爾（Dovetail）出版公司的凱斯（Joan Keyes）和佩克（Jonathan Peck）在裝訂和流程控制上盡了很多心力。我也感謝肯特爾（Stuart Kenter）、艾普斯丁（Rachel Epstein）以及肯特爾公司的相關人士，提供非常精美的相片及製版。至於行銷，我很高興《觀念化學》是交在一群好手的手中；像是崔可（Stacy Treco）、勞倫斯（Christy Lawrence）、和布里奇斯（Chalon Bridges）。感謝大家，一位作者有了各位，就很難再有什麼奢求了。

最後，《觀念化學》的成書，還有靠很多審稿人提出的建議及批評。我要鄭重的告訴這些朋友，他們提出的意見，都經過非常審慎的考慮，而且絕大部分都予以採納。由於協助審查的好朋友太多了，我把他們的大名及單位列在下面，並再次表達我誠摯的謝意。

Pamela M. Aker, University of Pittsburgh
Edward Alexander, San Diego Mesa College
Sandra Allen, Indiana State University
Susan Bangasser, San Bernardino Valley College
Ronald Baumgarten, University of Illinois, Chicago
Stacey Bent, New York University
Richard Bretz, University of Toledo
Benjamin Bruckner, University of Maryland, Baltimore County
Kerry Bruns, Southwestern University
Patrick E. Buick, Florida Atlantic University
John Bullock, Central Washington University
Barbara Burke, California State Polytechnical University, Pomona
Robert Byrne, Illinois Valley Community College
Richard Cahill, De Anza College
David Camp, Eastern Oregon University
Jefferson Cavalieri, Dutchess Community College
William J. Centobene, Cypress College
Ana Ciereszko, Miami Dade Community College
Jerzy Croslowski, Florida State University
Richard Clarke, Boston University
Cynthia Coleman, SUNY Potsdam
Virgil Cope, University of Michigan-Flint
Kathryn Craighead, University of Wisconsin/River Falls
Jack Cummini, Metropolitan State College of Denver
William Deese, Louisiana Tech University
Rodney A. Dixon, Towson University
Jerry A. Driscoll, University of Utah
Melvyn Dutton, California State University, Bakersfield
J. D. Edwards, University of Southwestern Louisiana
Karen Eichstadt, Ohio University
Karen Ericson, Indiana University-Purdue University, Fort Wayne
David Farrelly, Utah State University
Ana Gaillat, Greenfield Community College
Patrick Garvey, Des Moines Area Community College
Shelley Gaudia, Lane Community College
Donna Gibson, Chabot College
Palmer Graves, Florida International University

Jan Gryko, Jacksonville State University
William Halpern, University of West Florida
Marie Hankins, University of Southern Indiana
Alton Hassell, Baylor University
Barbara Hillery, SUNY Old Westbury
Angela Hoffman, University of Portland
John Hutchinson, Rice University
Mark Jackson, Florida Atlantic University
Kevin Johnson, Pacific University
Stanley Johnson, Orange Coast College
Margaret Kimble, Indiana University-Purdue University, Fort Wayne
Joe Kirsch, Butler University
Louis Kuo, Lewis and Clark College
Frank Lambert, Occidental College
Carol Lasko, Humboldt State University
Joseph Lechner, Mount Vernon Nazarene College
Robley Light, Florida State University
Maria Longas, Purdue University
David Lygre, Central Washington University
Art Maret, University of Central Florida
Vahe Marganian, Bridgewater State College
Irene Matusz, Community College of Baltimore County—Essex
Robert Metzger, San Diego State University
Luis Muga, University of Florida
B. I. Naddy, Columbia State Community College
Donald R. Neu, St. Cloud State University
Larry Neubauer, University of Nevada, Las Vegas
Frazier Nyasulu, University of Washington
Frank Palocsay, James Madison University
Robert Pool, Spokane Community College
Brian Ramsey, Rollins College
Kathleen Richardson, University of Central Florida
Ronald Roth, George Mason University
Elizabeth Runquist, San Francisco State University
Maureen Scharberg, San Jose State University
Francis Sheehan, John Jay College of Criminal Justice
Mee Shelley, Miami University

Vincent Sollimo, Burlington County College
Ralph Steinhaus, Western Michigan University
Mike Stekoll, University of Alaska
Dennis Stevens, University of Nevada, Las Vegas
Anthony Tanner, Austin College
Joseph C. Tausta, State University College at Oneonta
Bill Timberlake, Los Angeles Harbor College
Margaret A. Tolbert, University of Colorado
Anthony Toste, Southwest Missouri State University
Carl Trindle, University of Virginia
Everett Turner, University of Massachusetts Amherst
George Wahl, North Carolina State University
M. Rachel Wang, Spokane Community College
Karen Weichelman, University of Southwestern Louisiana
Bob Widing, University of Illinois at Chicago
Ted Wood, Pierce University
Sheldon York, University of Denver

至於伏案苦讀的同學們，我也同樣感謝你們的努力。由於你們的學習，世界將變得更美好。

我已經盡力使這本書正確無誤，但我相信一定還有疏漏之處。如果你們發現任何錯誤，請告訴我，感激不盡。我竭誠歡迎任何問題、批評和建議。期待各位的指教。

蘇卡奇

圖片來源

第 244 頁照片 由作者蘇卡奇（John Suchocki）提供

圖 16.4 、圖 18.7（照片）、圖 18.13 由黃建雄攝影

圖 16.14 、圖 17.20（右）、圖 18.5（b）、圖 18.13 、圖 18.19（上）、圖 18.19（下）、圖 18.21 購自富爾特圖庫

圖 16.20 、圖 19.4 、第 241 頁元素週期表 由邱意惠繪製

圖 17.13 、圖 19.1（太陽） Courtesy NASA / JPL-Caltech, http://www.jpl.nasa.gov/images/policy/index.cfm

圖 17.3 、圖 17.14 、圖 18.22 、圖 18.23 美國航空暨太空總署（NASA）

圖 17.9 行政院環境保護署提供

圖 17.20（左） 由曾莉珺攝影

圖 18.1 Argonne National Laboratories

圖 18.6、圖 18.8、圖 19.6、圖 19.7、圖 19.20（右） 由黃德綱攝影

圖 18.20 由畢馨云攝影

圖 19.11 Courtesy of Princeton Plasma Physics Laboratory

圖 19.15（b）、圖 19.16 德國精矽九陽能源系統股份有限公司（Abakus Energiesystem GmbH）提供

圖 19.18 工業技術研究院能源與環境研究所／呂威賢研究員提供

圖 19.20（左） 由胡湘玲攝影

除以上圖片來源，其餘繪圖皆取自本書英文原著。

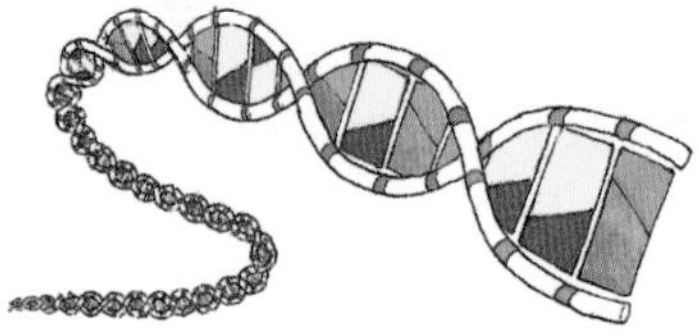

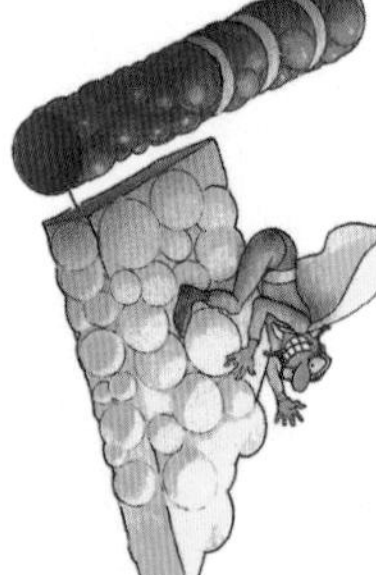

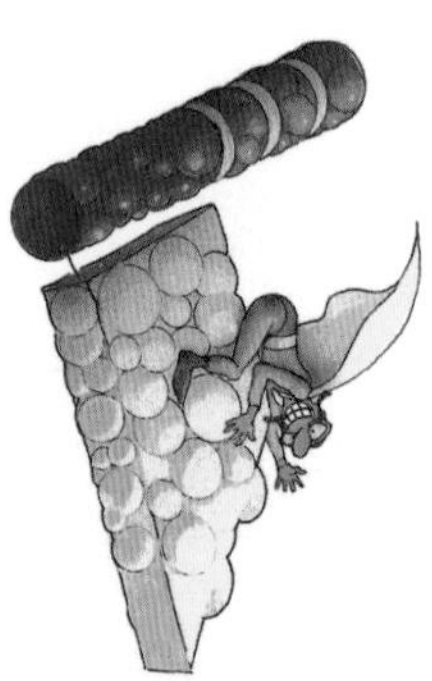

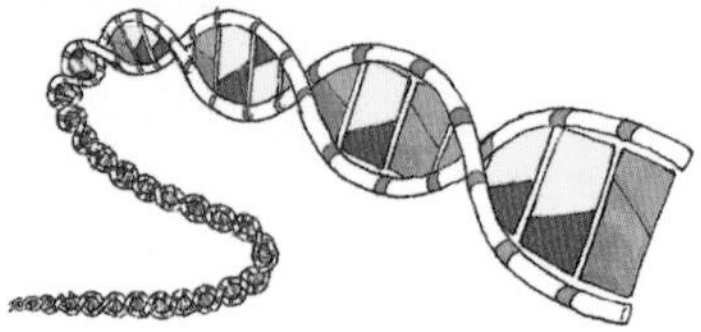

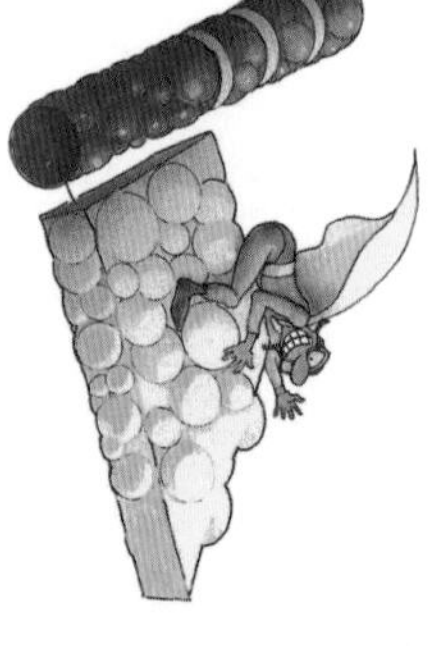

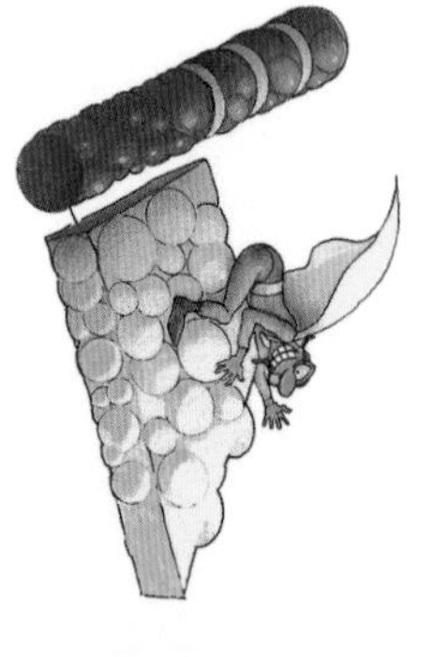

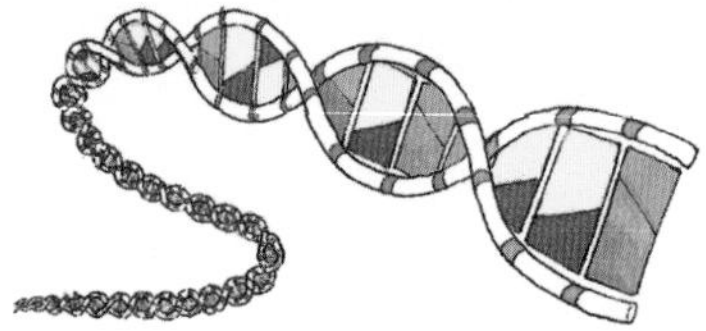

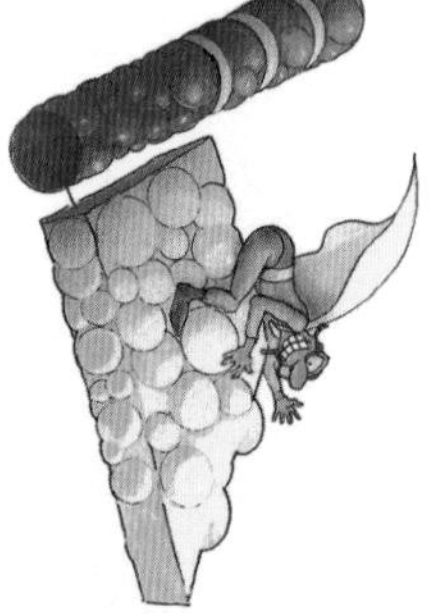

國家圖書館出版品預行編目 (CIP) 資料

觀念化學 . 5, 環境化學／蘇卡奇（John Suchocki）著；李千毅譯 . -- 第三版 . -- 臺北市：遠見天下文化 , 2020.06

面；　公分 . --（科學天地；174）

譯自：Conceptual chemistry : understanding our world of atoms and molecules, 2nd ed.

ISBN 978-986-5535-11-7（平裝）

1. 化學

340　　109007106

科學天地 174

觀念化學 5

環境化學

Conceptual Chemistry: Understanding Our World of Atoms and Molecules

原　　著 —— 蘇卡奇（John Suchocki, Ph. D.）
譯　　者 —— 李千毅
科學叢書顧問 —— 林和（總策畫）、牟中原、李國偉、周成功

總 編 輯 —— 吳佩穎
編輯顧問 —— 林榮崧
責任編輯 —— 黃雅蕾、徐仕美；吳育燐
美術設計暨封面設計 —— 江儀玲

出 版 者 —— 遠見天下文化出版股份有限公司
創 辦 人 —— 高希均、王力行
遠見・天下文化 事業群董事長 —— 高希均
事業群發行人／CEO —— 王力行
天下文化社長 —— 林天來
天下文化總經理 —— 林芳燕
國際事務開發部兼版權中心總監 —— 潘欣
法 律 顧 問 —— 理律法律事務所陳長文律師
著 作 權 顧 問 —— 魏啟翔律師
社　　址 —— 台北市 104 松江路 93 巷 1 號 2 樓
讀者服務專線 —— 02-2662-0012
傳　　真 —— 02-2662-0007；02-2662-0009
電 子 信 箱 —— cwpc@cwgv.com.tw
直接郵撥帳號 —— 1326703-6 號
遠見天下文化出版股份有限公司

電腦排版 —— 極翔企業有限公司；黃秋玲
製 版 廠 —— 東豪印刷事業有限公司
印 刷 廠 —— 立龍藝術印刷股份有限公司
裝 訂 廠 —— 台興印刷裝訂股份有限公司
登 記 證 —— 局版台業字第 2517 號
總 經 銷 —— 大和書報圖書股份有限公司
電　　話 —— 02-8990-2588
出版日期 —— 2022 年 1 月 22 日第三版第 2 次印行

定　價 —— NT550 元
書　號 —— BWS174
ISBN —— 978-986-5535-11-7（英文版 ISBN：9780805332292）

天下文化官網 —— bookzone.cwgv.com.tw
※ 本書如有缺頁、破損、裝訂錯誤，請寄回本公司調換。